广西海岛资源评价与可持续利用

黄 鹄 戴志军 韦卫华 黎树式 等 著

广 西 壮 族 自 治 区

北 部 湾

海洋出版社

2015年 · 北京

内 容 简 介

广西北部湾海岛地处我国和东盟21世纪丝绸之路的中间枢纽，是未来我国和南海各国经济、贸易和航运往来的高速繁忙之道。为尽早实现丝绸之路战略构想——西部通道的运转，亟须理解和对北部湾广西海岛的资源现状及未来开发进行适宜性规划。本书即以此为目标，参考前期海量海岛资源调查资料，并重点对涠洲岛、龙门岛和七星岛等典型海岛进行调查研究。在比较和研究国内外海岛开发利用指标体系的基础上，利用数理统计、"3S"等技术判别了北部湾广西海岛资源开发的相关指标特征，重点对海岛岸线、台风易损性等进行研究，由此指出目前广西海岛的开发现状与存在问题。同时，基于区域特色的海岛属性指标构建了评估北部湾广西水域典型海岛开发利用可持续发展进程的定量模型，探讨不同进程的典型海岛合理开发和功能区划，提出北部湾广西海岛及其近海海洋开发规划和发展战略。该书是广西海洋局"科技兴海"项目"北部湾广西典型海岛可开发利用指标体系优化""北部湾广西海岛可持续发展定量评价模型构建"等相关研究的提炼与总结，全书共分9章。

本书可供海洋、资源、环境等相关部门政府人员和所涉研究领域的科研人员及高校师生参考。

图书在版编目（CIP）数据

广西海岛资源评价与可持续利用 / 黄鹄等著.—北京：海洋出版社，2015.12

ISBN 978-7-5027-9305-0

Ⅰ.①广… Ⅱ.①黄… Ⅲ.①岛－海洋资源-资源评价－广西 ②岛－海洋资源－资源利用－广西 Ⅳ.①P74

中国版本图书馆 CIP 数据核字（2015）第 289671 号

广西海岛资源评价与可持续利用

GUANGXI HAIDAO ZIYUAN PINGJIA YU KECHIXU LIYONG

责任编辑：常青青

责任印制：赵麟苏

海洋出版社 出版发行

http://www. oceanpress.com.cn

北京市海淀区大慧寺路8号　邮编：100081

北京朝阳印刷厂印刷有限公司印刷

2015 年 12 月第 1 版　2015 年 12 月第 1 次印刷

开本：787 mm×1092 mm　1/16　印张：10.75

字数：204 千字　定价：56.00 元

发行部：62132549　邮购部：68038093

总编室：62114335　编辑室：62100038

海洋版图书印、装错误可随时退换

序

　　海岛是人类进军海洋的阶梯和支点。海岛不仅成为维护国家海洋权益和保障国防安全的天然屏障，而且在发展海洋经济、拓展海洋空间，架构陆地与海洋文化、经济与贸易中具有重要价值。我国是世界海岛最多的国家之一，作为北部湾广西海域的海岛，区域特色尤为显著，是镶嵌在21世纪我国和东盟海上丝绸之路的明珠与桥头堡。

　　北部湾广西海岛类型各异，海岛资源丰富。随着《广西北部湾经济区发展规划》和"一带一路"构想逐步实施，区域海岛资源的开发和利用面临巨大挑战和机遇。《广西海岛资源评价与可持续利用》一书是对该海域内海岛主要资源开发现状的系统性总结，资料翔实，内容十分丰富，融自然与人文学科于一体，所提出的海岛可持续利用进程、区域海岛发展据点和集群式发展以及典型海岛的规划与发展战略等，符合区域战略布局、可操作性强，是具有特色的成果。这是我国第一部关于北部湾广西海岛研究的著作，是我国海岛研究的一项重要贡献，对区域海岛资源评估、开发与规划都有重要的借鉴价值。

　　作者通过实地调查和多年资料整合，将理论与实践结合，注重海岛岸线的自然禀赋和台风灾害的易损性，提出的海岛属性指标应予以充分肯定，希望能成为今后海岛研究与岸线开发的有益参照。

中国工程院院士：陈吉余

前　言

　　海岛具有独特的区位、资源和环境优势，不仅在沿海经济发展中具有重要价值，成为我国丝绸之路的关键驿站，同时也是我国地缘政治、军事战略部署的核心之一。在全国沿海省、市部署丝绸之路、泛北部湾开展规划重心的大背景下，广西的海岛开发无疑是机遇和风险并存。如何对广西北部湾海岛资源进行合理评价，提出适宜性战略规划，是该区域海岛资源开发和可持续发展面临的挑战。

　　北部湾广西海域海洋资源丰富，岛屿众多。目前水域海岛总数646个，总面积约 110 km^2。该海域海岛地处热带和亚热带，属热带亚热带季风气候，在行政区划上分属北海市、钦州市和防城港市三市管辖，其中北海所属岛屿 68 个，钦州和防城港各管辖 294 和 284 个海岛。与我国其他省份比较，北部湾广西水域岛屿岸线曲折，海岛各具特色。该水域内的岛屿离岸较近，基本沿大陆岸线分布，绝大多数海岛是面积小于 20 km^2 的小岛。故海岛易受人类活动影响，虽易于开发，但环境尤为脆弱。

　　目前，北部湾广西海域的绝大多数海岛已被刻下不同程度的人类活动的烙印。在不同进程的开发活动影响下，海岛已凸显诸多问题：如海岛生境条件脆弱；环境生态破坏严重，海岸侵蚀加速，少数海岛或面临消亡状态。在缺乏科学论证、合理规划的指导下，海岛资源及可持续利用面临严峻挑战。本书即以此为视角，通过比较和研究国外海岛的开发利用指标体系，由此判别和评估广西北部湾海岛资源评价的相关指标特征，在分析海岛岸线以及台风易损性等指标的基础上，构建评估北部湾广西典型海岛开发利用可持续发展进程的定量模型，探讨不同进程的典型海岛合理开发和功能区划，提出北部湾广西海岛及其近海海洋开发规划和发展战略，为广西大力开发海岛，发展海岛经济打下基础。

目　录

第1章 广西海域概况

1.1 自然地理概况

1.1.1 自然地理位置

广西海岛分布在北部湾北部海域。海岛所属水域以东是雷州半岛，东南面与海南岛隔海相望，东北面是云开大山和六万大山，西北面是十万大山，西南面与中南半岛相邻。整个水域东、西、北三面为陆地海岸环抱，向南一面是北部湾。广西北部湾区域面积 $2.036\ 1\times10^4\ km^2$，桂海、钦防高速公路、南北二级公路、广西边境公路、广西滨海公路以及铁路网贯穿区域，交通条件便利，区位优势明显。

1.1.2 地质地貌

1）海岛地质特征

构成广西水域海岛的地层，有志留系、石炭系、侏罗系、第三系和第四系。除了涠洲岛、斜阳岛属第四纪火山活动形成的火山岩和火山沉积岩，并在其下的海相第三系外，其余均为邻近大陆岸带底层的延伸，有着相同的层序和岩层，并受同一地质构造作用所制约。

2）海岛地貌特征

广西水域的海岛如从地质成因角度，则可划分为以下几类：涠洲岛、斜阳岛属于第四纪火山喷溢堆积而成的岛屿。其中涠洲岛地形，总的趋势是西南部高而向北东方向缓慢倾斜，以火山岩构成的火山地貌为特征；南部沿岸以海蚀地貌为主，北部以海积地貌为主，而东西部则二者兼而有之。钦州湾内的龙门岛群及犀牛角附近、渔万岛和铁山港内的岛屿分别为志留系、侏罗系、泥炭系岩层构成的基岩岛。海岛总的趋势是北部高向南缓缓倾斜，以侵蚀剥蚀丘陵和多级基岩剥蚀台地为特征。同时，江平三岛则由晚第四纪海积泥沙所构成，以海积地貌为主，海岛沙堤与海积平原发育，地势相对平坦。

广西水域海岛地貌类型丰富，如涠洲岛的火山地貌、侵蚀-剥蚀地貌、构造地貌、南流江口七星岛的河流冲积地貌、三角洲地貌、海蚀地貌、海积地貌、风成地貌、重力地貌、水下地貌、生物海岸地貌、人工地貌等。600 多个海岛的海岸则分属于火山侵蚀–堆积岸、砂质海岸、三角洲海岸、溺谷湾海岸、红树林海岸和珊瑚礁海岸。

1.1.3 气候

广西北部湾地区地处南亚热带气候区，兼具亚热带向热带过渡性质的海洋性季风气候特点。影响区域的降雨天气系统主要包括静止锋、切变线、西南低涡和热带气旋等，其中尤以过境的热带气旋为甚。该天气系统影响范围大，降雨丰富，可以影响整个区域。

区域内年内高温多雨，多年平均气温为 22℃，最热月份为 7 月，月平均气温为 28～29℃，最冷月份为 1 月，月平均气温为 13～15℃，全年无霜期达 350 天以上，不利的气象因素主要有寒潮、旱涝灾害和台风。寒潮影响时间在每年的 11 月到翌年 3 月，干旱主要是春旱和秋旱，以春旱为多。洪涝灾害一般出现在 5—9 月，尤以 7—8 月为多。台风的主要影响时段集中在 7 月至 9 月上旬，最大风力超 15 级，最大风速超 48 m/s。

区域内最大风速为 11.80 m/s，最小风速为 1.04 m/s；1—12 月的月平均风速（单位 m/s）为：4.43，4.08，2.69，3.23，3.68，3.33，3.68，3.54，3.25，3.1，3.54，3.35；全年的月平均风速中，1 月的月平均风速最高，3 月的月平均风速最低。1—3 月月平均风速变化幅度很大，其他月份的月平均风速变化幅度很小，月平均风速基本维持在 3～4 m/s。

1.1.4 水文

广西海岛都没有河流或小溪流，降水量以面状径流入海。与此同时，涠洲岛与斜阳岛两岛距离大陆相对较远，各自形成相对独立的水文单元。两岛淡水补给的唯一来源是降水，岛内的地下淡水体亦由降水补给。此外，涠洲岛中部修建有一个小水库，用以储存淡水，供岛上居民生活、生产需要。其余岛屿的原住居民或临时居民用水主要靠地下水解决，不足部分从大陆引水补充。

与全国其他省市相比，广西海岛基本沿大陆岸线分布，注入广西海岛沿岸海域或邻近海域的大陆海岸带河流则对海岛的冲刷或淤积有较大影响，这主要包括：

1）南流江

南流江是广西北部湾地区独流入海的最大河流，发源于北流市境内的大容山，流经玉林县、博白县、浦北县及合浦县，于合浦县党江镇沿海注入北部湾。南流江流域面积为 9 232.2 km²。

2）大风江

大风江发源于钦州市灵山县伯劳镇万利村淡屋，流域面积 1 888.12 km²，干流河长

138.65 km，平均坡降0.52‰，注入北部湾。

3）钦江

钦江是桂南沿海独流入海的较大河流，发源于钦州市灵山县平山镇白牛岭，流域面积 2 391.34 km²，干流河长 195.26 km，平均坡降 0.32‰，在钦州市钦南区注入茅尾海。

4）茅岭江

茅岭江发源于钦州市钦北区板城镇屯车村公所的龙门村，流域内有连绵起伏的群山，西面为十万大山山脉，主峰海拔 960 m，东面有古道岭，海拔 635 m，流域面积 2 909.21 km²。

5）防城河

防城河发源于防城港市防城区峒中镇十万大山柞老顶山的南侧，山脉最高海拔为 995 m，流域集水面积 894.8 km²，干流河长 83.8 km，干流坡降 1.84‰，河流流向与十万大山山脉走向基本平行。

6）北仑河

北仑河发源于防城港市防城区峒中镇的捕龙山东侧，流域大致为西北高、东南低，流域集水面积为 1 187 km²，其中中越友谊桥以上流域面积 788.76 km²。干流河长 112 km，干流平均坡降 2.55‰。河流流向与十万大山山脉走向基本平行，河流流经板八、那垌等乡镇后进入东兴市区，然后注入北部湾。

1.1.5 土壤

广西水域的海岛地处我国大陆海岸线西南端的前沿，属南亚热带海洋季风气候区，光热资源丰富，雨量充沛，干湿季节比较明显。海岛土壤可分为 7 个类型：赤红壤、水稻土、风沙土、滨海盐土、紫色土、薄层土和火山灰土。海岛地表赤红壤居多，其次为风沙土、滨海盐土、火山性薄屑土，水稻土较少。

1.1.6 植被

广西水域有植被的海岛占总数的 85%，无植被的海岛少。海岛植被类型共分为十大类 18 个林系，林木资源丰富。以涠洲岛、斜阳岛为例，其植被均为次生植被，其代表植被均为人工林，以大面积反映干旱环境的木麻黄林和台湾相思林为主要植被类型。此外，还有少量小片的樟木林和麻楝林。经济果木以菠萝、龙岩、黄皮和香蕉为主。农作物有甘蔗、水道、花生、黄豆、玉米、红薯和木薯。

1.1.7 潮汐、潮流和波浪

1）潮汐类型

广西北部湾潮汐，主要是由西太平洋传入南海，经北部湾口进入海湾而形成。因受地形地貌以及河口径流的注入等各种环境因素综合影响，各岸段及港口所具有的各分潮半潮差均有所差异。北海以东（含北海）属于不正规全日潮，北海以西岸段属于全日潮。

2）潮差

广西北部湾海岸属北部湾地区的最大潮差区，最大涨潮潮差为 7.03 m（石头埠站），最大落潮潮差为 6.25 m（石头埠站），平均潮差为 2.13～2.52 m，分布特点是沿岸大、近海小，东部比西部大、湾内大于湾外。从各月份变化来看，平均潮差一般是3月最小，12月最大。

3）历时

广西北部湾潮历时的变化规律是涨潮历时比落潮历时长，涨、落潮平均历时差西部大于东部，涨、落潮平均历时西部大于东部。

4）平均海面

广西北部湾的平均海面主要特点是：年内平均海面上半年低、下半年高，最低一般出现在 2 月，最高一般出现在 10 月，沿海海面东西部相差不大，河口大于外海，湾内略高于湾外（表1-1）。

表1-1 广西北部湾各站多年平均海面统计（85基准，单位：m）

站名	月份												年平均
	1月	2月	3月	4月	5月	6月	7月	8月	9月	10月	11月	12月	
石头埠	0.49	0.47	0.49	0.53	0.58	0.62	0.63	0.62	0.63	0.71	0.66	0.57	0.58
冠头岭	0.49	0.44	0.46	0.51	0.53	0.58	0.61	0.59	0.62	0.69	0.64	0.57	0.56
三娘湾	0.42	0.41	0.43	0.49	0.52	0.55	0.59	0.56	0.58	0.65	0.59	0.50	0.51
龙门	0.45	0.44	0.45	0.50	0.57	0.61	0.64	0.64	0.63	0.68	0.63	0.55	0.56
白龙	0.50	0.48	0.50	0.53	0.57	0.61	0.63	0.64	0.66	0.73	0.67	0.58	0.59
钦州	1.15	1.09	1.10	1.33	1.46	1.72	1.93	1.81	1.54	1.39	1.30	1.19	1.42
黄屋屯	1.19	1.12	1.13	1.30	1.43	1.69	1.90	1.80	1.58	1.47	1.36	1.24	1.44

数据来源：钦州市海洋局。

5）潮流

广西近海潮流一般呈往复流，属于不规则全日潮流，流速为 1.0 ~ 2.5 km，余流较小，涨潮潮流偏北，落潮潮流偏南。

6）波浪

广西北部湾波浪由风浪、混合浪、涌浪组成，以风浪为主，波浪随季风变化较为明显。全年平均波高为 0.3 ~ 0.6 m，最大实测波高为东南向，波高为 4.1 ~ 5.0 m。常见浪 0 ~ 3 级，占全年浪频的 96%，5 ~ 6 级波浪多出现于热带气旋活动季节，仅占全年浪频的 0.07% ~ 0.09%。

1.2　经济社会概况

1.2.1　海岛经济社会概况

因缺乏最新的统计资料，在此引用《广西壮族自治区海岛保护规划（2010—2020年）》中的数据说明海岛经济社会情况。2008 年广西沿海海岛区人口总数 80.029 8 万人，占广西沿海地区人口总数 595.63 万人的 13.43%。2008 年广西沿海海岛区国内生产总值（GDP）126.79 亿元，占广西沿海地区 GDP 903.46 亿元的 14.03%。广西海岛总体特征是：沿海岛屿多，但大部分岛屿小而分散，开发程度、开发价值低，很少海岛能形成独立的社会经济单元；人口数量少、分布集中，经济发展极不平衡；广西海岛经济总量不大，人均水平不高。

目前有居民的海岛为防城港湾的针鱼岭岛、长榄岛、涠洲岛、斜阳岛，钦州湾的龙门岛（含西村岛）、簕沟墩岛、大新围岛、中间村岛、麻蓝岛，廉州湾南流江河口区的南域围岛、渔江岛、大茅岭岛、七星岛、针鱼漫岛、北海外沙岛，珍珠港湾的山心岛，大风江河口湾的大墩岛等。

1.2.2　海岛所属沿海地区经济社会概况

1）北海市经济社会概况

北海市位于广西最南端，北部湾东北岸，北临钦州，东北临玉林，东邻湛江。全市南北跨度 114 km，东西跨度 93 km，距自治区首府南宁市 220 km。面积 3 337 km²。北海市辖海城区、银海区、铁山港区和合浦县，2 个乡、21 个镇、7 个街道办事处、342 个村委会、84 个社区居委会。2010 年年末全市总人口 162 万人，其中市辖区人口约 60 万人。全市以汉族人口为主，约占 98%。各少数民族人口约占 2%。

北海市区位优势突出，地处华南经济圈、西南经济圈和东盟经济圈的结合部，处于泛北部湾经济合作区域结合部的中心位置，是中国西部地区唯一的沿海开放城市，也是中国西部唯一同时拥有深水海港、全天候机场、铁路和高速公路的城市。北海旅游资源丰富，生态环境优良，是享誉海内外的旅游休闲度假胜地。

2012年北海市生产总值630.78亿元，增长20%，人均GDP达到3.9万元以上，超出全国平均水平；财政收入100.09亿元，增长73.9%，成为广西第五个财政收入过百亿元的城市，收入质量位居广西前列；全社会固定资产投资725.36亿元，增长了15.3%；规模以上工业总产值突破千亿元大关，达到1 020.89亿元。2012年北海市外贸进出口总额达20.8亿美元，同比增长21.3%，外贸进出口规模继2007年达5亿美元、2010年超10亿美元后，2012年突破20亿美元大关，实现5年翻2番。2012年三次产业比例由2008年的26∶35∶39调整为22∶49∶29。

2）钦州市经济社会概况

钦州市北邻首府南宁，东与北海市和玉林市相连，西与防城港市毗邻，辖二县四区，即灵山县、浦北县、钦南区、钦北区、钦州港经济开发区和钦城管理区，处于北部湾经济区南（宁）北（海）钦（州）防（城港）的中心位置。距首府南宁市119 km，距北海市和防城港市分别为99 km和63 km，2010年年末户籍人口379.11万人，常住人口为307.97万人。有海外华侨同胞38万人，分布在46个国家和地区。

钦州市处于东南亚与大西南两个辐射扇面的轴心，扼广西沿海三个地级市与广西内地及大西南交通联系的咽喉，是我国少有的集沿海沿江优势于一体的沿边经济开发区，区位优势明显，为大西南最便捷的出海通道。钦州具有"一市联五南"（南宁、海南、东南亚、越南、大西南）独特的区位优势。港口经济飞速发展，在北部湾中迅速崛起，在北部湾经济区最为突出，在改革开放的经济大潮中飞速发展。

2012年，钦州市实现地区生产总值724.5亿元，增长12%，人均GDP由2011年的20 896元提高到23 202元；规模以上工业总产值突破千亿元，达到1 093亿元，增长16.4%；海洋经济总产值突破200亿元，增长13.6%。经济发展质量稳步提高，财政收入139.2亿元，增长13.1%，一般预算收入33.6亿元，增长31.3%，税收收入比重达89.5%。城镇居民人均可支配收入21 600元，增长12.2%；全社会消费品零售总额237.6亿元，增长16.3%。外经贸易逆势增长，外贸进出口总额37.7亿美元，增长26.1%。

3）防城港市经济社会概况

防城港市位于广西南部边陲，南临北部湾，北连南宁市，东接钦州，西邻越南，是一座新兴的海滨港口工业城市。现辖港口区、防城区、上思县和东兴市，总面积6 222 km²，有24个乡镇、2个街道办事处，居住着汉族、壮族、瑶族、京族等 21 个民族，2012 年总人口约 91.6 万人，其中市区人口约 28.3 万人，是中国唯一的京族聚居区，被誉为"西南门户、边陲明珠"。

防城港市地处中国大陆海岸线最西南端，是一座极具特色的港口城市、边关城市、海湾城市，是中国内陆腹地进入东盟最便捷的主门户，在中国—东盟自由贸易区、泛北部湾区域合作中具有特殊重要的战略地位和得天独厚的发展优势。沿海，为西南诸省市走向东南亚和世界各地提供了最便捷的出海通道。沿边既可与越南进行边贸和经济技术合作，又为我国商品进入东南亚市场提供了便捷的陆路门户。这种独特的区位优势，决定了防城港市在大西南对外开放和经济发展格局中居于十分重要的战略地位。2012 年，防城港市生产总值 457.5 亿元，增长 12.5%；三次产业比重13.5：53.2：33.3，工业增加值占 GDP 比重 45.3%。人均生产总值 5.1 万元。财政收入 52.38 亿元，增长 18.1%。全社会固定资产投资 550.39 亿元，增长 12.0%。港口货物吞吐量 10 058×10^4 t，增长 11.5%。社会消费品零售总额 71.3 亿元，增长 16.6%。外贸进出口总额 48.98 亿美元，增长 19.1%。城镇居民人均可支配收入 22 203 元，增长12.6%；农民人均纯收入 7 539 元，增长 15.9%。

第2章 广西海岛分布与主体功能划分

北部湾广西海域有海岛总数 646 个，总面积 118.06 km^2，在行政区划上分属北海市、钦州市和防城港市三市管辖，其中北海所属岛屿 68 个，钦州市和防城港市各管辖294 和 284 个海岛（表2-1和表2-2）。

表2-1 广西有居民海岛统计

行政区	岛屿数/个	岛屿面积/km^2	岸线长度/km	人口/人
北海市	涠洲岛、斜阳岛、七星岛、南域岛、更楼围岛、外沙岛 6 个	68.70	102.69	50 511
钦州市	龙门岛、西村岛、麻蓝头岛、沙井岛、箬沟墩、团和6个	33.20	82.64	15 517
防城港市	针鱼岭、长榄岛2个	1.30	12.17	728
合计	14	103.20	197.5	66 756

表2-2 广西无居民海岛统计

行政区	岛屿数/个	岛屿面积/km^2	岸线长度/km
北海市	62	1.70	42.89
钦州市	288	6.91	164.92
防城港市	282	6.25	144.19
合计	632	14.86	352

资料来源：《广西壮族自治区海岛保护规划（2011—2020）》。

2.1 广西海岛分布特征

广西岛屿可分为大陆岛、海洋岛和冲积岛。岛礁多数分布在钦州湾内。这些岛礁基本沿大陆岸线分布，位于近海和港湾的海岛居多。远海只有涠洲岛和斜阳岛，其余均分布在近海和港湾。广西水域的岛屿易于开发利用，但是生态环境则亦易受到影响。以分布的海湾为界限，广西水域海岛主要集中在七大海区：北海涠洲岛—斜阳岛海岛区、钦州湾海岛区、防城港湾海岛区、廉州湾南流江口区、大风江河口湾海岛区、铁山港湾海岛区和珍珠港湾海岛区（图2-1至图2-8）。

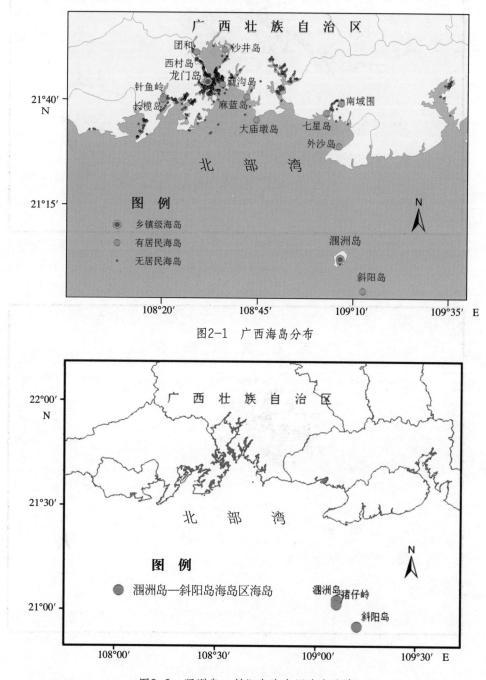

图2-1　广西海岛分布

图2-2　涠洲岛—斜阳岛海岛区海岛分布

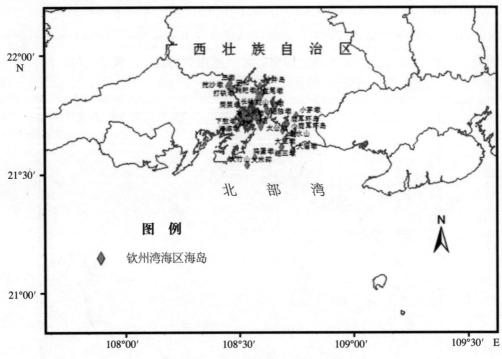

图2-3 钦州湾海区海岛分布

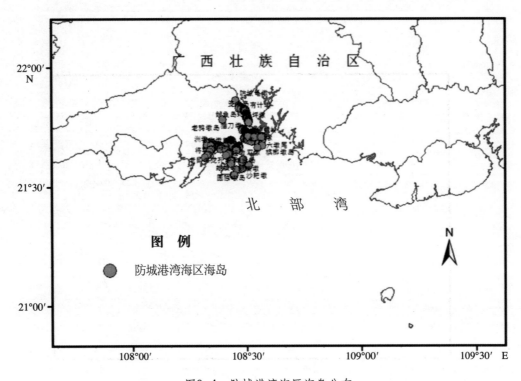

图2-4 防城港湾海区海岛分布

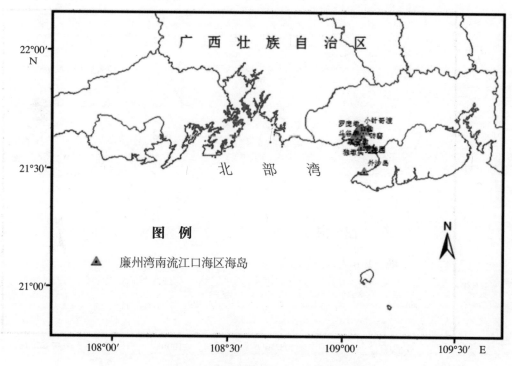

图2-5　廉州湾南流江口海区海岛分布

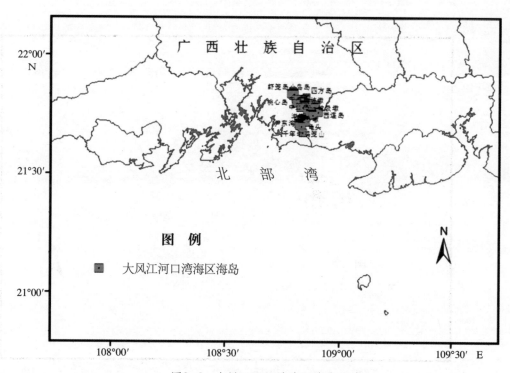

图2-6　大风江河口湾海区海岛分布

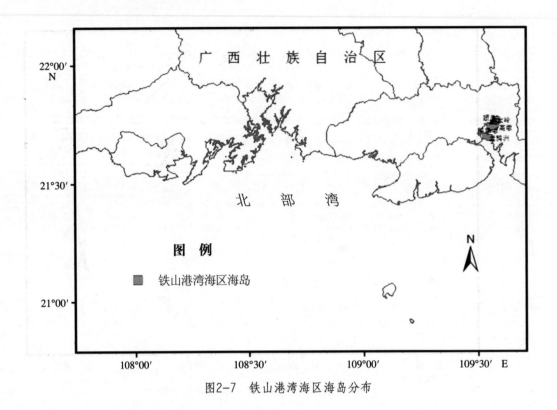

图2-7　铁山港湾海区海岛分布

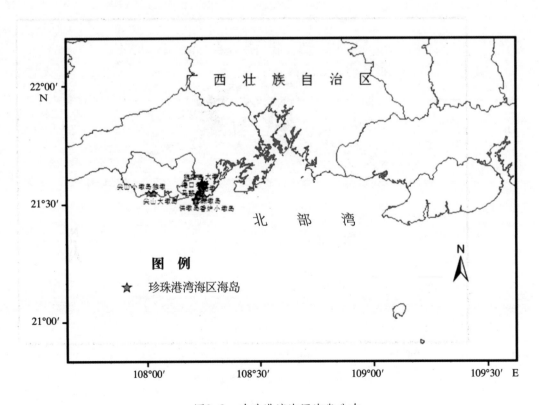

图2-8　珍珠港湾海区海岛分布

根据海岛面积、形状、集散程度、与陆地距离等，广西海岛具有以下特征。

2.1.1 多属于小型岛屿

按照人与生物圈的界定原则，广西海岛均为面积小于 30 km^2 的小岛。其中面积超过 10 km^2 的海岛只有 5 个，最大的涠洲岛面积为 24.78 km^2，其次为更楼围岛，面积为 21.86 km^2，第三是南域围岛，面积为 16.12 km^2，依次为沙井岛 11.64 km^2、西村岛 10.70 km^2，其余均为面积小于 10 km^2 的小岛。这些小岛约占海岛总数的 99%。

具体而言，面积大于 20 km^2 的海岛有 2 个，占海岛总个数的 0.31%，占海岛总面积的 38.90%；面积为 10～20 km^2 的海岛有 3 个，占海岛总个数的 0.46%，占海岛总面积的 32.08%；面积为 5～10 km^2 的海岛有 1 个，占海岛总个数的 0.15%，占海岛总面积的 6.50%；面积为 1～5 km^2 的海岛有 5 个，占海岛总个数的 0.77%，占海岛总面积的 9.01%；面积小于 0.1 km^2 的海岛有 603 个，占海岛总个数的 93.34%，占海岛总面积的 1.10%（表2-3和图2-9）。海岛面积小于 0.1 km^2，人类群居将会有一定的困难。

表2-3 广西海岛参数统计

海岛面积分级/km^2	个数	百分比/（%）	海岛面积/km^2	百分比/（%）
20～30	2	0.31	46.64	38.90
10～20	3	0.46	38.46	32.08
5～10	1	0.15	7.79	6.50
1～5	5	0.77	10.80	9.01
0.1～1.0	32	4.95	8.30	6.92
0.01～0.1	220	34.06	6.58	5.49
0.001～0.01	311	48.14	1.28	1.07
0.000 1～0.001	71	11.15	0.048	0.04
小于 0.000 1	1	0.15	0.000 16	0.00
合计	646	100.00	118.06	100.00

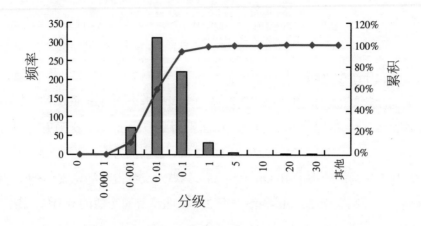

图2-9 海岛面积分级频率曲线

2.1.2 多属于近陆岛

广西海岛多属于近陆海岛，且海岛具有近陆程度高，具备半陆半岛特性。其中，近 80% 的海岛距离大陆的最短距离在 1 km 以内；离大陆最远的海岛是斜阳岛，距离大陆最短距离为 53.81 km；其次是猪仔岭，距离大陆最短距离为 42.6 km；然后，依次为涠洲岛，距离大陆最短距离为 36.85 km；烧火墩大岭，距离大陆最短距离为 16 km（表2-4）。

表2-4 与大陆最短距离统计

与大陆最短距离/km	数量/个	百分比/（%）	主要岛屿
小于1	514	79.66	长墩、大庙墩、洲墩、茶蓝嘴岛、蚂蚁山等 514 个海岛
1~10	128	19.72	大三墩、细三墩、小竹山、坳仔岛、小亚公山等 128个海岛
10~20	1	0.15	烧火墩大岭
20~30	0	0	
30~40	1	0.15	涠洲岛
40~50	1	0.15	猪仔岭
大于50	1	0.15	斜阳岛
合计	646	100.00	

2.1.3　海岛集中程度较高

洛伦兹曲线的弯曲程度有重要意义。一般来讲，它反映了岛屿面积的不平等程度，即弯曲程度越大，岛屿面积集中程度越不平等。根据广西海岛数量和面积绘制的罗伦兹曲线图表明，其弯曲程度很大，这表明广西海岛有群体优势和良好的地域组合，适宜"据点式"或"集群式"开发条件（图2-10）。

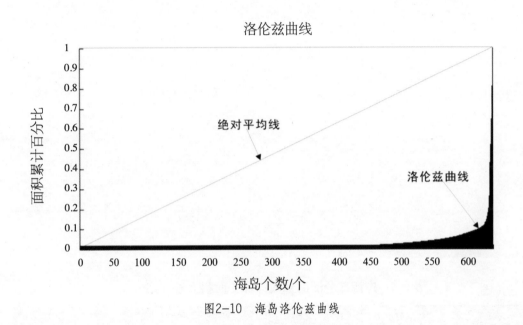

图2-10　海岛洛伦兹曲线

2.1.4　海岛紧凑度较高

海岛外部轮廓及其联系可由形状率、紧凑度和延伸率来量度。本书主要通过紧凑度研究海岛形态特征，其表达式为：

$$紧凑度\ C_r = 2\sqrt{\pi A}/P$$

式中，A 为海岛面积，P 为海岛边界长度。紧凑度是以单位圆作为衡量区域形状标准，便于不同海岛形状之间的对比。当区域为圆形时，则 $C_r = 2\sqrt{\pi \cdot \pi R^2}/2\pi R = 1$。相反，带状或长条状区域，则 $C_r < 1$。海岛形状与海岛开发关系密切。如圆形或狭长状、树枝状岛屿，其网络半径不一，流场特征差异甚大，直接或间接影响海水养殖台筏配置。此外，居民点、道路、港口布局也无不与海岛形状有关（图2-11）。如形状紧密，则货物平均运距短。广西海岛面积大于 0.1 km² 的海岛形状紧凑度多大于 0.5，有利于养殖、货运等（表2-5）。

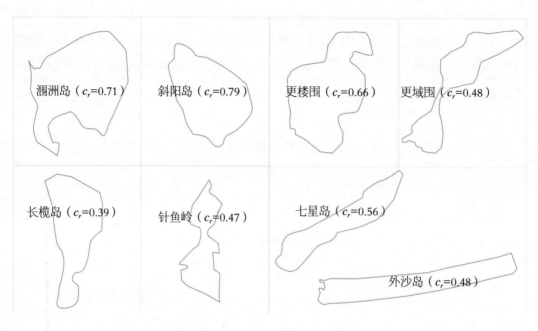

图2-11　部分海岛形状示意及紧凑度

表2-5　广西部分海岛参数计算（面积大于 0.1 km²）

岛屿名称	岸线长度/km	面积/km²	紧凑度c_r	岛屿名称	岸线长度/km	面积/km²	紧凑度c_r
涠洲岛	24.78	24.85	0.71	船头墩岛	0.21	3.42	0.48
更楼围岛	21.86	25.14	0.66	三子沟大岭	0.20	2.76	0.58
南域围岛	16.12	29.48	0.48	鬼仔坪岛	0.18	2.89	0.52
沙井岛	11.64	23.15	0.52	旱泾长岭	0.18	2.71	0.56
西村岛	10.70	28.17	0.41	西坡心岛	0.18	2.87	0.52
团和	7.79	12.83	0.77	沙耙墩岛	0.17	2.69	0.55
七星岛	3.13	11.24	0.56	龟头	0.16	1.68	0.86
箣沟墩	3.13	5.29	1.19	鸡笼山	0.16	2.35	0.61
斜阳岛	1.85	6.13	0.79	落路东墩岛	0.16	2.21	0.63
大茅岭	1.40	7.96	0.53	罗庞墩	0.14	2.76	0.49

岛屿名称	岸线长度 /km	面积 /km²	紧凑度c_r	岛屿名称	岸线长度 /km	面积 /km²	紧凑度c_r
龙门岛	1.30	9.20	0.44	石江墩	0.14	1.76	0.76
长榄岛	0.90	8.66	0.39	蚝壳坪岛	0.14	1.76	0.76
针鱼岭	0.87	7.03	0.47	北风脑岛	0.14	2.32	0.57
仙人井大岭	0.74	7.65	0.40	三墩	0.14	1.67	0.78
外沙岛	0.66	6.01	0.48	磨沟曲岭	0.13	2.10	0.60
老鸦环岛	0.36	5.14	0.41	利竹山	0.13	2.36	0.53
松飞大岭	0.34	4.68	0.44	大胖山	0.12	1.83	0.68
洲墩	0.32	3.94	0.51	独墩岛	0.12	2.49	0.50
黄泥沟岭	0.28	3.75	0.50	落路大墩岛	0.12	1.49	0.81
麻蓝头岛	0.25	2.80	0.63	樟木环岛	0.12	2.24	0.54
旧屋地岭	0.22	3.63	0.46	高山	0.11	2.62	0.46
北海大墩	0.21	3.07	0.53	龙孔墩	0.10	1.72	0.65

2.1.5　多为无居民海岛

目前，广西 646 个海岛中有居民居住的只有 14 个，占海岛总数的 2.17%；无居民居住海岛有 632 个，占海岛总数的 97.83%。

2.2　广西海岛类型

遵循"以生态保护为主，适度开发利用为辅"的海岛保护与利用思路，以《广西自治区海岛保护规划》《广西壮族自治区海洋主体功能区划》及其他相关规划为基础，结合广西海岛的自然属性、社会属性，并考虑到海岛环境的特殊性、资源承载的有限性、空间开发功能的衍生性，广西水域内的海岛可划分为保护类型、适度开发类型 2 个主类。其中，保护类型海岛划分为：特殊用途与公共服务和生态保护 2 个亚类；适度开发类型海岛划分为：生态旅游娱乐、生态农林牧渔业、港口与工业城镇、综合开发利用 4 个亚类（表2-6）。

表2-6 广西海岛类型划分结果

主类	亚类	数量/个	所占比重/（%）
保护类型	特殊用途与公共服务类	12	1.86
	生态保护类	131	20.43
适度开发类型	生态旅游娱乐类	154	23.99
	生态农林牧渔业类	223	34.67
	港口与工业城镇类	117	17.96
	综合开发利用类	8	1.08
总计		646	100

2.2.1 海岛类型划分的原则

（1）生态保护优先原则。把生态保护作为海岛划分的重要原则，即未开发的或者功能尚不明确的海岛原则上都划分为保护类型海岛。

（2）与其他规划功能相衔接原则。在海岛功能划分时，要充分考虑到与其他规划相衔接，以便更好地实施规划。如生态农林牧渔业类型划分时，要充分与渔业规划相结合。

（3）主导功能原则。当海岛功能存在重叠时，要将其主导功能作为划分类型的标准。如果有多个主导功能则划分综合用途类型海岛。

2.2.2 海岛类型划分的依据

1）保护类海岛划分的依据

（1）特殊用途与公共服务类。主导功能：特殊用途（国防、军事、科研等）和公共服务功能。主要包括领海基点海岛；建设有捍卫国家主权、领土完整，防备外来侵略和颠覆的军事设施的海岛；科学研究用途海岛以及测控、气象、灯塔、交通服务等其他公共服务的海岛。

（2）生态保护类。主导功能：生态保护功能。包括已建有或待建的自然保护区、鸟类及其他野生动物繁殖、栖息以及植物种群和森林植被覆盖比较典型的海岛；未开发利用的海岛；功能不清楚的保留类海岛。

2）适度开发类海岛划分的依据

划分为生态旅游休闲、生态农林牧渔业、港口与工业城镇和综合开发利用类 4 个亚类。

（1）生态旅游休闲类。主导功能：游憩、观光和娱乐功能。包括适于开发利用滨海和海上旅游资源，可供旅游景区开发和海上文体娱乐活动场所建设的海岛。

（2）生态农林牧渔业类。主导功能：农林牧渔生产功能。包括适于拓展农业发展空间和开发海洋生物资源，可供农业围垦、渔港和育苗场等渔业基础设施建设、海水增养殖和捕捞生产以及重要渔业品种养护的海岛。

（3）港口与工业城镇类。主导功能：港口、仓储、临海工业和城市发展功能。包括港口区、航道区和锚地以及工业用海区和城镇用海区的海岛。

（4）综合开发利用类。主导功能：以综合开发利用为主的海岛。

2.2.3　海岛类型划分结果

1）保护类海岛

（1）服务于特殊用途与公共服务的海岛。特殊用途与公共服务用途海岛 12 个，约占海岛总数量 1.86%。其中，钦州市所属海岛 8 个，防城港市所属海岛 4 个（表2-7）。包括大胖山、老鸦洲、大庙墩、小双墩、青菜头岛、小果子山等 12 个海岛（图2-12）。大庙墩、青菜头岛、小果子山等作为灯塔、航标和气象站用途海岛；大胖山为国防用途海岛；旱泾长岭、北风脑岛、龙孔墩、抄墩、大娥眉岭、擦人墩 6 个海岛为跨海大桥建设区。

表2-7　特殊用途与公共服务类海岛分布及基本属性

海岛名称	海岛所在海域	面积/m²	岸线长/m	行政区
大胖山	钦州湾	123 442	1 834	钦州市
小果子山	钦州湾	6 489	330	钦州市
青菜头岛	钦州湾	6 732	513	钦州市
大庙墩	钦州湾	17 177	638	钦州市
抄墩	大风江河口湾	71 287	1 135	钦州市
擦人墩	钦州湾	23 377	816	钦州市
旱泾长岭	钦州湾	181 378	2 707	钦州市
大娥眉岭	钦州湾	39 468	762	钦州市
老鸦洲	铁山港湾	33 565	904	防城港市
小双墩	珍珠港湾	7 316	350	防城港市

续表

海岛名称	海岛所在海域	面积/m²	岸线长/m	行政区
北风脑岛	防城港湾	140 100	2 324	防城港市
龙孔墩	防城港湾	99 076	1 722	防城港市

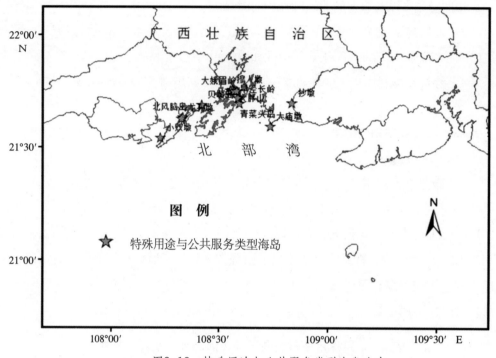

图2-12　特殊用途与公共服务类型海岛分布

（2）生态保护的海岛。生态保护用途海岛 131 个，约占海岛总数量的 20.43%。其中，钦州市所属海岛 62 个，防城港市所属海岛 57 个，北海市所属海岛 12 个（表2-8）。主要分布于北部湾广西海洋自然保护区和海洋特别保护区内（图2-13）。

表2-8　生态保护类海岛分布及基本属性

海岛名称	海岛所在海域	面积/m²	岸线长/m	行政区
红薯岛	大风江河口湾	14 798	637	钦州市
小番薯岛	大风江河口湾	12 588	450	钦州市
桃心岛	大风江河口湾	8 633	397	钦州市
南坟岛	大风江河口湾	365	219	钦州市

续表

海岛名称	海岛所在海域	面积/m²	岸线长/m	行政区
大鸟岛	大风江河口湾	3 709	252	钦州市
虾笼岛	大风江河口湾	28 066	781	钦州市
小鸟岛	大风江河口湾	3 460	496	钦州市
四方岛	大风江河口湾	2 807	204	钦州市
黄皮墩	大风江河口湾	14 459	555	钦州市
钓鱼墩	大风江河口湾	458	80	钦州市
江顶岛	大风江河口湾	7 268	316	钦州市
西黄皮墩	大风江河口湾	3 308	252	钦州市
东江顶岛	大风江河口湾	11 214	378	钦州市
中江顶岛	大风江河口湾	3 633	295	钦州市
东江旁岛	大风江河口湾	701	97	钦州市
西江旁岛	大风江河口湾	829	108	钦州市
南江顶岛	大风江河口湾	6 872	332	钦州市
西风岛	大风江河口湾	7 551	380	钦州市
东风岛	大风江河口湾	2 638	271	钦州市
招风墩	大风江河口湾	25 773	659	钦州市
老鸦墩	大风江河口湾	34 687	890	钦州市
内道岛	大风江河口湾	2 287	215	钦州市
南内道岛	大风江河口湾	3 178	238	钦州市
江中岛	大风江河口湾	2 864	203	钦州市
江岔口岛	大风江河口湾	6 800	307	钦州市
小夹子岛	大风江河口湾	6 812	318	钦州市
土地田岛	大风江河口湾	1 017	121	钦州市
西坡心岛	大风江河口湾	176 471	2 869	钦州市
北坡心岛	大风江河口湾	8 094	348	钦州市
拱形岛	大风江河口湾	1 751	192	钦州市

海岛名称	海岛所在海域	面积/m²	岸线长/m	行政区
中游岛	大风江河口湾	1 003	126	钦州市
北槟榔岛	大风江河口湾	665	106	钦州市
南土地田	大风江河口湾	8 053	368	钦州市
小东窖墩	大风江河口湾	10 252	543	钦州市
那丽槟榔	大风江河口湾	1 391	139	钦州市
坡墩	大风江河口湾	12 972	557	钦州市
螺壳墩岛	大风江河口湾	5 069	321	钦州市
丹竹江岛	大风江河口湾	2 536	188	钦州市
南坡墩岛	大风江河口湾	10 517	398	钦州市
南槟榔岛	大风江河口湾	9 312	540	钦州市
大龙头	大风江河口湾	3 542	221	钦州市
急水墩	大风江河口湾	3 884	267	钦州市
南丹江岛	大风江河口湾	8 208	342	钦州市
西大坡墩	大风江河口湾	39 299	867	钦州市
大坡墩岛	大风江河口湾	4 351	275	钦州市
北立岛	大风江河口湾	5 774	303	钦州市
辣椒墩头	大风江河口湾	638	103	钦州市
蜻蜓墩	钦州湾	4 284	321	钦州市
吊顶山	钦州湾	16 413	606	钦州市
细红沙岛	钦州湾	21 392	705	钦州市
土地墩尾	钦州湾	808	125	钦州市
李子墩	钦州湾	406	173	钦州市
环水坳岛	钦州湾	15 645	546	钦州市
大山角岛	钦州湾	26 352	727	钦州市
榄皮岭	钦州湾	32 298	865	钦州市
大红沙岛	钦州湾	47 875	1 134	钦州市

海岛名称	海岛所在海域	面积/m²	岸线长/m	行政区
高山	钦州湾	114 610	2 622	钦州市
长墩	钦州湾	3 544	292	钦州市
下黄竹岭	钦州湾	1 366	133	钦州市
上黄竹岭	钦州湾	1 920	164	钦州市
阿拉讲岛	钦州湾	784	104	钦州市
钦州黄竹	钦州湾	1 321	139	钦州市
黄竹万岭	钦州湾	19 430	655	防城港市
蝴蝶采花	钦州湾	1 061	120	防城港市
大包针岭	钦州湾	20 758	593	防城港市
大山岭岛	钦州湾	21 620	925	防城港市
旧屋地岭	钦州湾	220 151	3 632	防城港市
老虎沟岭	钦州湾	43 570	1 254	防城港市
小江墩	钦州湾	982	114	防城港市
冬瓜山	钦州湾	10 820	409	防城港市
鲻鱼墩	钦州湾	5 551	276	防城港市
大江墩	钦州湾	1 782	161	防城港市
葛麻山	钦州湾	4 889	273	防城港市
榄钱岭	钦州湾	18 671	633	防城港市
对面沙墩	钦州湾	1 275	170	防城港市
当风墩	钦州湾	1 826	170	防城港市
荷包墩	钦州湾	1 121	136	防城港市
蜻蜓岛	钦州湾	3 087	274	防城港市
三板坳岭	钦州湾	5 470	295	防城港市
蚝壳涡岭	钦州湾	39 312	819	防城港市
米瓮岭	钦州湾	16 287	595	防城港市
榄树墩	钦州湾	4 207	248	防城港市

续表

海岛名称	海岛所在海域	面积/m²	岸线长/m	行政区
镬盖岭	钦州湾	30 300	692	防城港市
沙墩仔	钦州湾	11 168	396	防城港市
防城大潭	钦州湾	69 584	1 530	防城港市
薯莨墩	钦州湾	2 437	210	防城港市
老虎山	钦州湾	24 530	1 015	防城港市
担担岭	钦州湾	8 526	522	防城港市
归洋角岭	钦州湾	50 631	1 029	防城港市
粪箕岭	钦州湾	53 239	1 187	防城港市
透坳岭	钦州湾	28 880	782	防城港市
公车弹虾	钦州湾	6 350	398	防城港市
高山大岭	钦州湾	50 172	1 083	防城港市
双夹山	钦州湾	70 669	1 302	防城港市
鹧鸪岭	钦州湾	17 004	555	防城港市
细圆墩	钦州湾	1 907	205	防城港市
小鲤鱼墩	钦州湾	5 372	231	防城港市
大圆墩	钦州湾	15 015	466	防城港市
草刀岭	钦州湾	18 074	526	防城港市
沙坳墩	钦州湾	20 533	662	防城港市
蒲瓜墩	钦州湾	11 697	421	防城港市
担挑墩	钦州湾	2 217	226	防城港市
长坪岛	钦州湾	33 141	876	防城港市
狗仔墩	钦州湾	3 167	259	防城港市
三角墩	钦州湾	19 752	651	防城港市
番桃嘴	钦州湾	21 432	641	防城港市
小槟榔墩	钦州湾	721	128	防城港市
老虎岭	钦州湾	24 084	663	防城港市

海岛名称	海岛所在海域	面积/m²	岸线长/m	行政区
西老虎岭	钦州湾	35 365	1 039	防城港市
尽尾箩岛	钦州湾	24 606	629	防城港市
南尽尾箩	钦州湾	51 155	1 147	防城港市
山墩	钦州湾	13 406	671	防城港市
东龟仔岭	钦州湾	14 193	477	防城港市
龟仔岭	钦州湾	22 358	672	防城港市
土地墩头	钦州湾	2 399	206	防城港市
沙虫墩岛	铁山港湾	6 973	342	防城港市
尖山大墩	北仑河口	16 920	777	防城港市
尖山小墩	北仑河口	569	97	防城港市
独墩岛	北仑河口	122 110	2 489	防城港市
三角屋墩	铁山港湾	32 130	679	北海市
北海茅墩	铁山港湾	819	115	北海市
高墩	铁山港湾	48 445	1 247	北海市
细茅山	铁山港湾	13 884	502	北海市
上红沙墩	铁山港湾	26 758	799	北海市
细包针岭	钦州湾	14 513	447	北海市
猪仔岭	涠洲岛—斜阳岛	3 830	239	北海市
东连岛	大风江河口湾	3 400	228	北海市
西连岛	大风江河口湾	6 536	427	北海市
辣椒墩	大风江河口湾	28 027	1 110	北海市
中立岛	大风江河口湾	9 857	409	北海市
垃圾墩	大风江河口湾	2 402	180	北海市

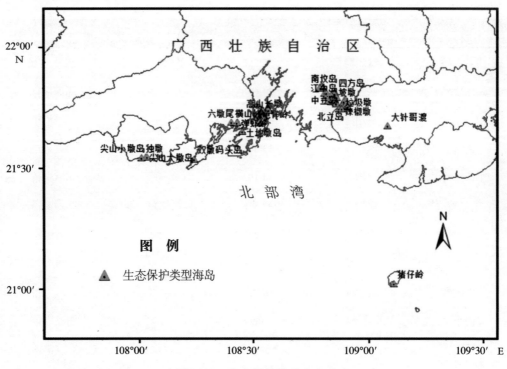

图2-13　生态保护类型海岛分布

2）适度开发类型海岛

（1）生态旅游娱乐类型海岛。生态旅游娱乐用途海岛 154 个，约占海岛总数量的 23.99%。其中，防城港市所属海岛 42 个，钦州市所属海岛 98 个，北海市 14 个（表2-9和图2-14）。

表2-9　生态旅游娱乐类型海岛分布及基本属性

海岛名称	海岛所在海域	面积/m²	岸线长/m	行政区
针鱼北墩	防城港湾	5 268	308	防城港市
浮鱼岭	防城港湾	49 492	984	防城港市
鲋鱼岭岛	防城港湾	30 257	884	防城港市
小洲墩	防城港湾	884	123	防城港市
马岭	防城港湾	3 025	247	防城港市
李大坟岛	防城港湾	35 182	728	防城港市
洲墩	防城港湾	322 131	3 936	防城港市
蚝沙大岭	防城港湾	44 366	1 425	防城港市

海岛名称	海岛所在海域	面积/m²	岸线长/m	行政区
三车岭	防城港湾	14 268	534	防城港市
防城虾笋	防城港湾	7 394	393	防城港市
西茅墩岛	防城港湾	9 427	378	防城港市
上茅墩	防城港湾	7 768	332	防城港市
松柏岭	防城港湾	8 417	357	防城港市
下茅墩	防城港湾	4 012	237	防城港市
蛇头岭	防城港湾	3 836	242	防城港市
沙萝岭小	防城港湾	1 030	122	防城港市
狗墩	防城港湾	1 533	150	防城港市
插墩	防城港湾	727	107	防城港市
沙萝岭南	防城港湾	327	73	防城港市
小独墩	防城港湾	5 823	392	防城港市
大独墩	防城港湾	19 020	621	防城港市
老鼠墩	防城港湾	3 428	241	防城港市
将军山	防城港湾	69 117	1 014	防城港市
正金墩	防城港湾	8 052	380	防城港市
针鱼岭	防城港西	870 000	7 030	防城港市
沙耙墩岛	钦州湾	172 788	2 695	防城港市
蚊虫墩	珍珠港湾	2 023	189	防城港市
港口墩	珍珠港湾	185	56	防城港市
大双墩	珍珠港湾	6 631	457	防城港市
蛤墩	珍珠港湾	24 303	632	防城港市
珍珠岛	珍珠港湾	8 770	398	防城港市
乱石墩岛	珍珠港湾	1 759	161	防城港市
供墩岛	珍珠港湾	702	99	防城港市
珠墩岛	珍珠港湾	714	115	防城港市
北香炉墩	珍珠港湾	922	118	防城港市

海岛名称	海岛所在海域	面积/m²	岸线长/m	行政区
香炉墩岛	珍珠港湾	587	119	防城港市
马鞍墩	珍珠港湾	20 186	708	防城港市
香炉小墩	珍珠港湾	3 842	232	防城港市
六墩尾	钦州湾	3 763	277	防城港市
夹仔岭	钦州湾	4 572	307	防城港市
小六墩	钦州湾	533	91	防城港市
六墩	钦州湾	33 567	1 510	防城港市
长榄岛	防城港西	900 000	8 660	钦州市
沙井岛	茅尾海	11 640 000	23 150	钦州市
稠耙墩岛	钦州湾	28 581	667	钦州市
湾内墩岛	钦州湾	20 541	566	钦州市
虾岭	钦州湾	9 593	457	钦州市
孔雀山	钦州湾	29 243	755	钦州市
细独泥	钦州湾	4 023	351	钦州市
大独泥	钦州湾	10 269	483	钦州市
背风环岛	钦州湾	1 633	152	钦州市
一撮茅	钦州湾	888	112	钦州市
穿牛鼻岭	钦州湾	10 166	411	钦州市
蚝壳坪岛	钦州湾	141 321	1 756	钦州市
沙子墩	钦州湾	6 529	363	钦州市
对面江岭	钦州湾	29 471	859	钦州市
杨梅墩	钦州湾	12 417	580	钦州市
田口岭	钦州湾	72 790	1 689	钦州市
稠箩墩	钦州湾	537	87	钦州市
茶蓝嘴岛	钦州湾	3 545	232	钦州市
孔脚潭岛	钦州湾	4 048	235	钦州市
蚂蚁山	钦州湾	5 144	280	钦州市

续表

海岛名称	海岛所在海域	面积/m²	岸线长/m	行政区
白山洲	钦州湾	3 571	305	钦州市
白坟墩岛	钦州湾	5 032	296	钦州市
长岭	钦州湾	25 149	793	钦州市
过江埠岛	钦州湾	47 841	962	钦州市
牙肉山	钦州湾	12 440	626	钦州市
独树岛	钦州湾	2 167	192	钦州市
蛇山	钦州湾	9 182	414	钦州市
蚝壳插岛	钦州湾	26 308	658	钦州市
蚝掘山	钦州湾	3 172	217	钦州市
虾箩沟墩	钦州湾	24 213	784	钦州市
大簕藤岛	钦州湾	11 812	436	钦州市
老鸦环岛	钦州湾	357 425	5 143	钦州市
小阉猪墩	钦州湾	1 595	148	钦州市
大阉猪墩	钦州湾	529	96	钦州市
小簕藤岛	钦州湾	936	120	钦州市
小墩	钦州湾	2 713	192	钦州市
鱼仔坪岭	钦州湾	8 305	465	钦州市
堪冲岭	钦州湾	79 395	1 507	钦州市
水门山	钦州湾	1 010	129	钦州市
小双连岛	钦州湾	898	124	钦州市
沙牛卜岛	钦州湾	66 341	1 582	钦州市
猪菜墩	钦州湾	1 301	179	钦州市
大双连岛	钦州湾	3 583	240	钦州市
细半边莲	钦州湾	1 091	128	钦州市
摩沟岭	钦州湾	42 438	838	钦州市
萝卜岛	钦州湾	37 073	1 070	钦州市
黄姜山	钦州湾	5 457	319	钦州市

海岛名称	海岛所在海域	面积/m²	岸线长/m	行政区
黄泥沟岭	钦州湾	275 064	3 747	钦州市
利竹山	钦州湾	125 414	2 360	钦州市
蚝仔墩	钦州湾	2 695	188	钦州市
鱼尾岛	钦州湾	6 127	329	钦州市
金鱼守盆	钦州湾	12 223	426	钦州市
细独墩	钦州湾	8 630	362	钦州市
五坡墩尾	钦州湾	2 505	202	钦州市
狗仔岭	钦州湾	1 925	170	钦州市
钦州大潭	钦州湾	20 733	535	钦州市
屋地岭	钦州湾	23 260	607	钦州市
四坡墩	钦州湾	29 440	752	钦州市
五坡墩	钦州湾	33 784	685	钦州市
三子沟后	钦州湾	51 525	951	钦州市
螃蟹沟墩	钦州湾	787	118	钦州市
篱竹排岛	钦州湾	16 650	546	钦州市
茅丝墩	钦州湾	2 539	192	钦州市
牯牛石大	钦州湾	49 872	1 083	钦州市
企人石	钦州湾	2 545	185	钦州市
三子沟大	钦州湾	202 016	2 756	钦州市
三坡墩	钦州湾	3 851	239	钦州市
小胖山岛	钦州湾	602	93	钦州市
二坡墩	钦州湾	10 099	406	钦州市
牯牛石墩	钦州湾	4 348	239	钦州市
头坡墩	钦州湾	7 552	366	钦州市
仙人井大	钦州湾	735 804	7 651	钦州市
鬼打角岛	钦州湾	61 529	1 120	钦州市
一枚梳岭	钦州湾	22 386	602	钦州市

海岛名称	海岛所在海域	面积/m²	岸线长/m	行政区
鸡蛋墩	钦州湾	12 860	419	钦州市
鲨墩	钦州湾	10 086	382	钦州市
瘦坪岭	钦州湾	13 409	615	钦州市
吊丝利竹	钦州湾	62 567	1 048	钦州市
白榄头小	钦州湾	1 906	168	钦州市
松飞大岭	钦州湾	342 464	4 684	钦州市
双冲墩	钦州湾	7 817	329	钦州市
七棚丝长	钦州湾	37 584	993	钦州市
鬼仔坪岛	钦州湾	181 750	2 895	钦州市
白榄头墩	钦州湾	9 851	385	钦州市
龙墩	钦州湾	4 329	251	钦州市
生泥坪独	钦州湾	1 309	131	钦州市
背风墩	钦州湾	2 962	197	钦州市
小娥眉岭	钦州湾	19 552	583	钦州市
土地墩头	钦州湾	2 399	206	钦州市
小茅墩	钦州湾	1 250	127	钦州市
虎墩	钦州湾	8 163	365	钦州市
仙岛	钦州湾	91 319	1 456	钦州市
下埠潭墩	钦州湾	5 843	318	钦州市
小鹿耳环	钦州湾	2 743	198	钦州市
鹿耳环岛	钦州湾	3 121	213	钦州市
麻蓝头岛	钦州湾	250 000	2 800	钦州市
急水山	钦州湾	26 480	759	钦州市
乌雷炮台	钦州湾	6 249	507	钦州市
大北域墩	南流江	25 159	721	北海市
小北域墩	南流江	3 235	244	北海市
罗庞墩	南流江	143 330	2 761	北海市

海岛名称	海岛所在海域	面积/m²	岸线长/m	行政区
下庞墩	南流江	6 308	321	北海市
西江头	南流江	2 924	242	北海市
榕木头	南流江	35 689	1 133	北海市
洪湖墩	南流江	9 609	368	北海市
红角	南流江	5 250	442	北海市
东红角岛	南流江	9 396	627	北海市
小圆墩岛	南流江	30 726	928	北海市
长林墩岛	南流江	13 653	571	北海市
船头墩岛	南流江	210 624	3 418	北海市
独墩头	南流江	85 564	1 708	北海市
观音墩	南流江	3 259	333	北海市

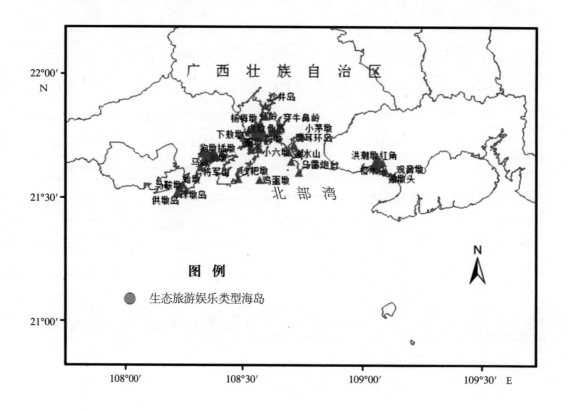

图2-14 生态旅游娱乐类型海岛分布

（2）生态农林牧渔业类型海岛。生态农林牧渔业用途海岛 223 个，约占海岛总数量的 39.16%。其中防城港市所属海岛 116 个，钦州市所属海岛 74 个，北海市所属海岛 33 个（表2-10和图2-15）。

表2-10　生态农林牧渔业类型海岛分布及基本属性

海岛名称	海岛所在海域	面积/m²	岸线长/m	行政区
鸡笼山	大风江河口湾	163 026	2 354	防城港市
一担泥	钦州湾	897	141	防城港市
鸡爪漫岭	钦州湾	45 822	1 258	防城港市
杨树山角	钦州湾	2 247	178	防城港市
黄獠墩	钦州湾	24 247	699	防城港市
横山墩	钦州湾	6 196	320	防城港市
蟾蜍墩	钦州湾	5 983	309	防城港市
江口墩	钦州湾	33 281	830	防城港市
网鳌墩	钦州湾	1 718	161	防城港市
鲁古墩	钦州湾	5 852	330	防城港市
猫刀墩	钦州湾	759	99	防城港市
老虎头墩	钦州湾	877	113	防城港市
老虎头岭	钦州湾	31 688	858	防城港市
西三角井	钦州湾	2 810	218	防城港市
南三角井	钦州湾	16 382	554	防城港市
晒网墩	钦州湾	1 887	166	防城港市
三角井岛	钦州湾	8 957	396	防城港市
蛇皮墩	钦州湾	2 889	225	防城港市
牛耳门岛	钦州湾	10 465	455	防城港市
防城圆墩	钦州湾	8 805	361	防城港市
横潭岭	钦州湾	10 987	449	防城港市
磨勾曲北	钦州湾	1 047	138	防城港市
磨沟曲岭	钦州湾	127 948	2 097	防城港市

海岛名称	海岛所在海域	面积/m²	岸线长/m	行政区
落路小墩	钦州湾	20 704	594	防城港市
田口沟岭	钦州湾	9 568	402	防城港市
落路东墩	钦州湾	155 483	2 212	防城港市
落路大墩	钦州湾	115 936	1 490	钦州市钦
草埠岛	钦州湾	10 659	405	防城港市
冲花坳小	钦州湾	7 875	369	防城港市
冲花坳大	钦州湾	29 208	777	防城港市
落路南墩	钦州湾	71 235	1 038	防城港市
落路西墩	钦州湾	42 763	1 144	防城港市
砍刀岛	钦州湾	19 382	605	防城港市
独山墩	钦州湾	6 338	307	防城港市
横岭墩	钦州湾	10 221	432	防城港市
割茅山岛	钦州湾	13 515	504	防城港市
割茅山小	钦州湾	1 401	163	防城港市
阿执毛	钦州湾	2 928	209	防城港市
蛇仔岭岛	钦州湾	352	81	防城港市
防城老虎	钦州湾	934	127	防城港市
阿麓堆岛	钦州湾	23 903	921	防城港市
大山佬岛	钦州湾	87 304	1 558	防城港市
蛇岭	钦州湾	51 793	1 489	防城港市
阿麓堆边	钦州湾	2 892	211	防城港市
防城白沙	钦州湾	1 176	180	防城港市
雀仔墩	钦州湾	893	124	防城港市
死牛墩	钦州湾	680	158	防城港市
槟榔墩岛	钦州湾	2 131	189	防城港市
观音石	钦州湾	1 409	138	防城港市
龙眼墩	铁山港湾	23 172	588	防城港市

续表

海岛名称	海岛所在海域	面积/m²	岸线长/m	行政区
白鹤墩	珍珠港湾	2 452	191	防城港市
红石墩岛	珍珠港湾	3 023	230	防城港市
大墩	珍珠港湾	30 894	787	防城港市
防城港独	珍珠港湾	5 972	293	防城港市
圆山墩岛	珍珠港湾	615	96	防城港市
棺材墩	珍珠港湾	649	99	防城港市
狮阳岛	珍珠港湾	2 803	229	防城港市
大黄竹墩岛	珍珠港湾	1 170	141	防城港市
大黄竹墩	珍珠港湾	6 096	355	防城港市
大狗仔墩	珍珠港湾	779	135	防城港市
沙螺墩	珍珠港湾	1 714	152	防城港市
小狗仔墩	珍珠港湾	878	113	防城港市
黄竹墩仔	珍珠港湾	1 100	128	防城港市
白马墩	珍珠港湾	11 478	451	防城港市
白马墩尾	珍珠港湾	1 286	133	防城港市
尽尾墩	珍珠港湾	1 136	169	防城港市
北蚊虫墩	珍珠港湾	2 973	201	防城港市
小蚊虫墩	珍珠港湾	773	114	防城港市
万茶港口	珍珠港湾	1 433	177	防城港市
卧狮墩岛	企沙港湾	4 875	279	防城港市
双墩	企沙港湾	6 311	383	防城港市
蛇地坪南	企沙港湾	17 608	659	防城港市
双墩南岛	企沙港湾	22 132	639	防城港市
山心沙	企沙港湾	42 690	1 040	防城港市
圆独墩岛	企沙港湾	2 047	177	防城港市
防城龟墩	茅尾海西	15 478	499	防城港市
鲈鱼岛	茅尾海西	1 115	125	防城港市

海岛名称	海岛所在海域	面积/m²	岸线长/m	行政区
杯较墩岛	茅尾海西	12 430	554	防城港市
杯较岭岛	茅尾海西	16 894	536	防城港市
猪腰墩岛	茅尾海西	1 711	170	防城港市
茅岭大墩	茅尾海西	25 934	796	防城港市
马鞍岭岛	茅尾海西	7 427	367	防城港市
大茅岭	茅尾海西	1 398 062	7 958	防城港市
杏仁岛	茅尾海西	1 074	132	防城港市
防城茅墩	茅尾海西	3 740	239	防城港市
狗岭岛	茅尾海西	6 871	346	防城港市
螃蟹岭镐	茅尾海西	27 410	697	防城港市
螃蟹腿墩	茅尾海西	11 101	493	防城港市
米缸墩岛	茅尾海西	1 090	131	防城港市
笼墩岛	茅尾海西	959	125	防城港市
大笼墩岛	茅尾海西	963	135	防城港市
有计岭	茅尾海西	1 296	135	防城港市
防城红沙	茅尾海西	786	103	防城港区
伯寮墩	茅尾海西	1 031	132	防城港区
跳鱼墩	茅尾海西	2 445	213	防城港市
大乌山墩	茅尾海西	4 408	247	防城港市
公坟墩	茅尾海西	11 084	413	防城港市
光彩墩	茅尾海西	1 128	129	防城港市
油柑墩	茅尾海西	828	125	防城港市
乌山墩	茅尾海西	5 820	307	防城港市
东江口墩	茅尾海西	1 083	122	防城港市
西江口墩	茅尾海西	1 768	156	防城港市
马鞍墩岛	茅尾海西	3 690	418	防城港市
大塘蚝场	茅尾海西	896	110	防城港市

海岛名称	海岛所在海域	面积/m²	岸线长/m	行政区
薄寮南墩	茅尾海西	4 648	292	防城港市
小黄竹墩	茅尾海西	2 286	198	防城港市
中间墩岛	茅尾海西	3 232	273	防城港市
蛇墩	茅尾海西	2 479	234	防城港市
生角口石	茅尾海西	1 002	120	防城港市
漩涡壳墩	茅尾海西	987	116	防城港市
狗尾墩	茅尾海西	4 532	290	防城港市
杨木墩岛	茅尾海西	4 020	257	防城港市
榄墩	茅尾海西	3 480	231	防城港市
坪墩	茅尾海西	2 532	183	防城港市
长榄墩	茅尾海西	2 573	250	防城港市
一平岭岛	南流江	548	88	防城港市
小草棚岛	南流江	25 521	1 223	防城港市
小坪岭岛	大风江河口湾	11 636	394	钦州市
大坪岭岛	大风江河口湾	6 339	388	钦州市
企壁墩	大风江河口湾	30 800	688	钦州市
对叉墩	大风江河口湾	42 207	1 107	钦州市
割茅墩	大风江河口湾	43 674	394	钦州市
香炉墩	大风江河口湾	2 881	209	钦州市
掰叶墩	大风江河口湾	13 011	514	钦州市
螃蟹墩	大风江河口湾	51 864	1 149	钦州市
港墩	大风江河口湾	2 936	223	钦州市
外水墩	大风江河口湾	23 461	890	钦州市
尹东湾	大风江河口湾	6 351	300	钦州市
担丢潭墩	大风江河口湾	1 608	151	钦州市
穿牛鼻墩	大风江河口湾	17 253	581	钦州市
钦州圆墩	大风江河口湾	11 325	546	钦州市

海岛名称	海岛所在海域	面积/m²	岸线长/m	行政区
千年墩	大风江河口湾	9 491	416	钦州市
钦州白沙	大风江河口湾	9 525	379	钦州市
三墩	茅尾海西	135 680	1 671	钦州市
大生鸡墩	茅尾海西	62 161	1 072	钦州市
挖沙墩	茅尾海西	15 825	527	钦州市
打铁墩	茅尾海西	39 727	924	钦州市
烤火墩	茅尾海西	3 128	213	钦州市
龙门槟榔	茅尾海西	678	104	钦州市
蚝蛎墩	茅尾海西	650	95	钦州市
榕木墩	茅尾海西	4 371	274	钦州市
鲤鱼仔岛	茅尾海西	2 498	295	钦州市
漩水环	茅尾海西	13 028	530	钦州市
洗脚墩	茅尾海西	236	58	钦州市
石块岛	茅尾海西	10 950	503	钦州市
东沙坪岛	茅尾海西	4 410	286	钦州市
屙屎墩	茅尾海西	3 534	219	钦州市
牙沙仔岛	茅尾海西	3 161	220	钦州市
烂泥墩	茅尾海西	302	69	钦州市
了哥巢岛	茅尾海西	3 006	216	钦州市
鲛鱼墩	茅尾海西	6 696	353	钦州市
假槟榔墩	茅尾海西	1 955	168	钦州市
张妈墩	茅尾海西	11 430	516	钦州市
斜榄墩	茅尾海西	4 075	301	钦州市
湾顶岛	茅尾海西	1 036	135	钦州市
拇指墩	茅尾海西	6 725	312	钦州市
湾内岛	茅尾海西	6 532	333	钦州市
红榄墩	茅尾海西	9 893	434	钦州市

续表

海岛名称	海岛所在海域	面积/m²	岸线长/m	行政区
螃蟹地	茅尾海西	1 350	137	钦州市
独木墩	茅尾海西	2 973	209	钦州市
西双仔岛	茅尾海西	2 680	251	钦州市
东双仔墩	茅尾海西	2 292	223	钦州市
独墩仔	茅尾海西	2 526	238	钦州市
西榄岭岛	茅尾海西	7 046	319	钦州市
大亚公山	茅尾海西	11 577	567	钦州市
内湾岛	茅尾海西	4 381	305	钦州市
大竹山	茅尾海西	17 544	708	钦州市
大米碎	茅尾海西	1 689	171	钦州市
小亚公岛	茅尾海西	873	153	钦州市
小竹山	茅尾海西	10 736	390	钦州市
纱帽岭	茅尾海西	10 451	400	钦州市
小米碎	茅尾海西	5 362	288	钦州市
三角岛	茅尾海西	1 866	177	钦州市
坳仔岛	茅尾海西	1 785	260	钦州市
西横岭岛	茅尾海西	1 030	134	钦州市
鸡笠墩岛	茅尾海西	1 387	156	钦州市
下敷墩	钦州湾	4 171	242	钦州市
黄竹墩	钦州湾	2 632	209	钦州市
小水门岛	钦州湾	7 508	325	钦州市
黄鱼港红	钦州湾	4 429	266	钦州市
南炮仗墩	钦州湾	11 154	5 425	钦州市
大乌龟墩	钦州湾	13 191	432	钦州市
烧灰墩	钦州湾	760	100	钦州市
石滩红墩	钦州湾	5 178	292	钦州市
西黄竹墩	钦州湾	2 767	224	钦州市

海岛名称	海岛所在海域	面积/m²	岸线长/m	行政区
小竹墩	钦州湾	788	109	钦州市
沙煲墩	钦州湾	3 035	213	钦州市
榕树墩	钦州湾	671	96	钦州市
海漆小墩	钦州湾	407	74	钦州市
炮仗墩	钦州湾	3 562	253	钦州市
海漆墩	钦州湾	2 502	199	钦州市
捞离墩	大风江河口湾	27 344	809	北海市
北海大墩	大风江河口湾	213 714	3 070	北海市
盘鸡岭	大风江河口湾	66 770	1 367	北海市
大鸡墩	大风江河口湾	1 837	211	北海市
龟头	大风江河口湾	164 460	1 680	北海市
东林屋坪	南流江	27 337	874	北海市
小针哥渡	南流江	3 842	325	北海市
北老屋地	南流江	1 553	195	北海市
中老屋地	南流江	160	51	北海市
南老屋地	南流江	1 540	165	北海市
花轿铺	南流江	37 050	1 472	北海市
禾虫坪	南流江	4 415	468	北海市
南域围	南流江	16 120 000	29 480	北海市
北海涌	南流江	57 045	1 708	北海市
砖窑	南流江	79 194	1 163	北海市
小砖窑岛	南流江	11 764	464	北海市
小平墩岛	南流江	41 434	1 050	北海市
更楼围	南流江	21 860 000	25 140	北海市
中间草墩	铁山港湾	3 581	244	北海市
北海双墩	铁山港湾	11 295	470	北海市
石马坡	铁山港湾	1 898	172	北海市

续表

海岛名称	海岛所在海域	面积/m²	岸线长/m	行政区
观海台岛	铁山港湾	1 067	129	北海市
颈岛	铁山港湾	520	84	北海市
北海红沙	铁山港湾	7 719	323	北海市
探箔墩岛	铁山港湾	3 350	210	北海市
钓鱼台岛	铁山港湾	3 575	248	北海市
北海火烧	铁山港湾	4 107	234	北海市
汤圆墩岛	铁山港湾	1 804	157	北海市
小孤坪岛	铁山港湾	1 711	204	北海市
大岭	铁山港湾	9 996	420	北海市
马尾岛	铁山港湾	597	98	北海市
鹅掌墩	铁山港湾	32 207	1 292	北海市
勺马岭	铁山港湾	46 096	1 319	北海市

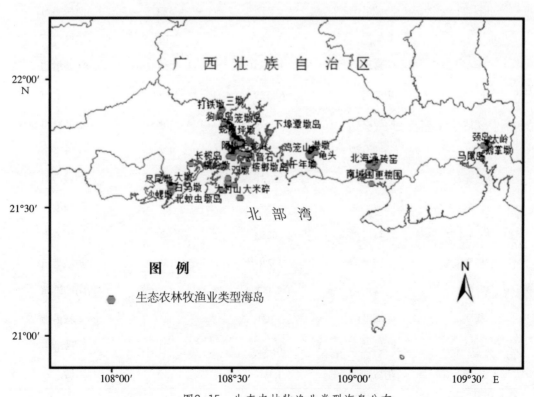

图2-15　生态农林牧渔业类型海岛分布

（3）港口与工业城镇类型海岛。港口与工业城镇用途海岛117个，占海岛总数量的17.96%。其中，防城港市所属海岛68个，钦州市所属海岛48个，北海市所属海岛1个（表2-11和图2-16）。

表2-11 港口与工业城镇类海岛分布及基本属性

海岛名称	海岛所在海域	面积/m²	岸线长/m	行政区
东土地墩	防城港湾	11 666	470	防城港市
水磨岭	防城港湾	3 537	234	防城港市
弹虾岭	防城港湾	45 675	944	防城港市
横山岭	防城港湾	25 122	644	防城港市
北钻牛岭	防城港湾	8 504	342	防城港市
贝墩岛	防城港湾	10 406	387	防城港市
小茅墩岛	防城港湾	2 646	277	防城港市
曲车圆墩	防城港湾	4 494	240	防城港市
曲车北墩	防城港湾	22 951	668	防城港市
扁涡墩	防城港湾	7 252	313	防城港市
曲车小墩	防城港湾	5 794	301	防城港市
中车	防城港湾	30 789	713	防城港市
曲车岛	防城港湾	61 729	1 179	防城港市
大茅墩岛	防城港湾	11 596	468	防城港市
旧沙田	防城港湾	7 238	436	防城港市
螃蟹腿岛	防城港湾	575	91	防城港市
过路墩	防城港湾	359	74	防城港市
海墩岛	防城港湾	525	88	防城港市
较杯墩岛	防城港湾	1 726	157	防城港市
晒鲈墩	防城港湾	9 483	418	防城港市
横墩	防城港湾	4 031	246	防城港市
麻马港墩	防城港湾	8 269	331	防城港市
细墩	防城港湾	1 196	139	防城港市

续表

海岛名称	海岛所在海域	面积/m²	岸线长/m	行政区
烧火北岭	防城港湾	23 788	660	防城港市
烧火墩岛	防城港湾	2 333	216	防城港市
烧火墩大	防城港湾	60 827	1 496	防城港市
狗头岭岛	防城港湾	4 279	250	防城港市
猪头墩	防城港湾	805	105	防城港市
公车马岭	防城港湾	1 500	146	防城港市
长墩尾岛	防城港湾	569	116	防城港市
猴子墩	防城港湾	4 381	325	防城港市
站前小墩	防城港湾	2 772	208	防城港市
螃蟹墩岛	防城港湾	3 933	354	防城港市
站前西墩	防城港湾	27 196	701	防城港市
站前墩岛	防城港湾	18 475	602	防城港市
长墩岛	防城港湾	1 435	180	防城港市
崩墩	防城港湾	4 838	254	防城港市
波罗岭	防城港湾	22 035	604	防城港市
扫把墩	防城港湾	2 803	198	防城港市
大扫把墩	防城港湾	11 941	470	防城港市
钻牛岭	防城港湾	1 391	139	防城港市
西桥边墩	防城港湾	6 553	311	防城港市
光坡大岭	防城港湾	83 946	1 327	防城港市
草鞋墩岛	防城港湾	10 543	489	防城港市
大沙潭墩	防城港湾	35 552	821	防城港市
沙潭墩	防城港湾	2 160	187	防城港市
山猪山	防城港湾	10 600	426	防城港市
黄豆岛	防城港湾	7 904	338	防城港市
对坎潭北	防城港湾	1 008	128	防城港市
嗯厄墩	防城港湾	784	115	防城港市

海岛名称	海岛所在海域	面积/m²	岸线长/m	行政区
对坎潭南	防城港湾	1 582	186	防城港市
北土地墩	防城港湾	7 890	375	防城港市
花生墩岛	防城港湾	8 172	429	防城港市
公车独山	防城港湾	22 284	736	防城港市
烂井港	防城港湾	3 071	216	防城港市
烂井港南	防城港湾	5 307	300	防城港市
新坡小墩	防城港湾	12 215	469	防城港市
新坡大墩	防城港湾	70 550	1 537	防城港市
港中墩	防城港湾	12 551	582	防城港市
小茅墩岛	防城港湾	4 657	352	防城港市
老鸦墩岛	防城港湾	6 589	383	防城港市
大虫墩岛	防城港湾	4 565	261	防城港市
风流岭	防城港湾	1 060	122	防城港市
西风流岭	防城港湾	2 249	190	防城港市
鲔鱼岛	防城港湾	4 499	276	防城港市
蝴蝶岭	企沙半岛	58 456	996	防城港市
蝴蝶墩	企沙半岛	631	99	防城港市
芒箕墩岛	钦州湾	3 732	223	防城港市
芒基墩	防城港湾	6 437	316	钦州市
石江墩	钦州湾	141 321	1 756	钦州市
亚公角岛	钦州湾	4 174	364	钦州市
独山背岛	钦州湾	8 551	367	钦州市
瓦窑墩	钦州湾	3 803	231	钦州市
北鸡窑岛	钦州湾	7 680	339	钦州市
马鞍岭	钦州湾	11 483	484	钦州市
鲎壳墩	钦州湾	3 122	244	钦州市
钦州虾箩	钦州湾	3 642	233	钦州市

海岛名称	海岛所在海域	面积/m²	岸线长/m	行政区
葵子中间	钦州湾	2 592	189	钦州市
鲨尾墩	钦州湾	3 460	214	钦州市
东茅墩	钦州湾	3 920	325	钦州市
耥耙墩岛	钦州湾	6 586	331	钦州市
榄盆墩	钦州湾	412	146	钦州市
炮台角岛	钦州湾	14 801	575	钦州市
鲨箔墩	钦州湾	12 713	495	钦州市
小涛岛	钦州湾	927	123	钦州市
狗双岭	钦州湾	40 082	1 557	钦州市
钦州龟墩	钦州湾	2 364	206	钦州市
观音塘	钦州湾	86 141	1 802	钦州市
白泥岭	钦州湾	57 868	1 238	钦州市
小龟墩	钦州湾	237	66	钦州市
福建山	钦州湾	33 360	814	钦州市
大蚶蛇岛	钦州湾	44 652	1 015	钦州市
长其岭	钦州湾	77 874	1 512	钦州市
簕沟北墩	钦州湾	58 456	996	钦州市
钦州独山	钦州湾	13 899	525	钦州市
葫芦嘴	钦州湾	6 752	352	钦州市
面前山	钦州湾	5 411	277	钦州市
横头山	钦州湾	39 502	1 359	钦州市
狗地嘴岛	钦州湾	12 494	456	钦州市
长石	钦州湾	3 282	251	钦州市
鱼寮山	钦州湾	3 056	225	钦州市
小门墩	钦州湾	692	109	钦州市
西茅丝墩	钦州湾	1 538	161	钦州市
大门墩	钦州湾	3 784	230	钦州市

海岛名称	海岛所在海域	面积/m²	岸线长/m	行政区
晒网岭	钦州湾	36 316	831	钦州市
大山猪	钦州湾	5 403	283	钦州市
观妹墩	钦州湾	3 601	232	钦州市
深径蛇山	钦州湾	23 893	723	钦州市
细山猪	钦州湾	12 804	566	钦州市
深径独山	钦州湾	13 707	475	钦州市
线鸡尾岛	钦州湾	4 015	259	钦州市
螃蟹石	钦州湾	3 166	339	钦州市
太公墩	钦州湾	631	99	钦州市
樟木环岛	钦州湾	115 386	2 238	钦州市
细三墩	钦州湾	10 081	412	钦州市
大三墩	钦州湾	37 123	1 006	钦州市
斗谷墩	铁山港湾	1 282	140	北海市

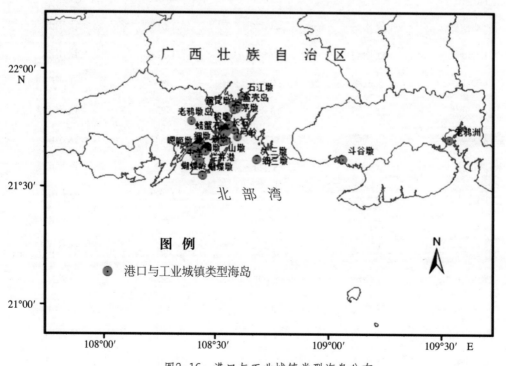

图2-16 港口与工业城镇类型海岛分布

（4）综合开发利用类型海岛。采取综合开发利用方式的海岛，包括涠洲岛、西村岛、团和、箭沟墩、斜阳岛、龙门岛、外沙岛、七星岛 8 个海岛，约占海岛总数量的 1.08%（图2-17）。其中，钦州市所属海岛4个，北海市所属海岛4个（表2-12）。

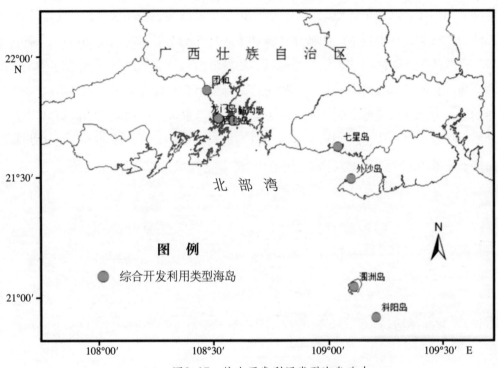

图2-17 综合开发利用类型海岛分布

表2-12 综合开发利用类海岛分布及基本属性

海岛名称	海岛所在海域	面积/m²	岸线长/m	行政区
团和	茅尾海	7 790 000	12 830	钦州市
西村岛	钦州湾	10 700 000	28 170	钦州市
龙门岛	钦州湾	1 300 000	9 200	钦州市
箭沟墩	钦州湾	3 130 000	52 909	钦州市
涠洲岛	涠洲岛—斜阳岛	24 780 000	24 850	北海市
斜阳岛	涠洲岛—斜阳岛	1 850 000	6 130	北海市
外沙岛	廉州湾	660 000	6 010	北海市
七星岛	南流江河	3 130 000	11 240	北海市

2.2.4 各海域海岛主体功能划分

海洋主体功能区是指基于不同海域资源环境承载能力、现有开发密度和发展潜力等,将特定海域确定为特定主体功能定位类型的一种空间单元。海洋主体功能区划是指导海域开发、利用和保护的基础性文件。为此,海岛可持续发展研究必须要与海洋主体功能相衔接,以便更好地服务于广西国民经济发展和生态环境保护。在上述理论和思想的指导下,本书根据广西海洋主体功能区划的基本要求对铁山港海域、廉州湾海域、大风江—三娘湾海域、钦州湾海域、防城港海域、珍珠湾海域、北仑河口海域和涠洲岛—斜阳岛海域的海岛基本类型进行统计分析,并且充分考虑到各海域的海洋主导功能,力求各海域海岛的保护与开发利用,能够最大限度地满足不同海域海洋主导功能区划的实现。从表2-13可知,本书涉及的海岛类型划分与广西海洋主体功能区划衔接十分紧密,有利于科学用岛、规范用岛,促进海域、海岛可持续发展。

表 2-13　各海域海岛类型分布统计及其与主导功能衔接

海岛所在海区	主要服务类型					合计	海洋主体功能
	特殊用途与公共服务	生态保护	生态旅游娱乐	生态农林牧渔业	港口与工业城镇	综合用途		
铁山港	1	6		16	1		24	港口航运、工业与城镇用海、海洋保护及农渔业
廉州湾			14	15		2	31	港口航运、旅游休闲娱乐、农渔业,兼顾工业与城镇用海
大风江—三娘湾	1	52		22			75	海洋保护,旅游休闲娱乐及农渔业
钦州湾	7	70	102	146	47	4	376	海洋保护、农渔业和旅游休闲娱乐,兼顾工业与城镇用海和港口航运
防城港	2		26	6	68		102	港口航运和工业与城镇用海,兼顾底游休闲娱乐和海洋保护
珍珠湾	1		12	19			32	海洋保护及农渔业,兼顾港口航运及旅游休闲娱乐
北仑河口	3						3	海洋保护及农渔业,兼顾港口航运及旅游休闲娱乐
涠洲岛—斜阳岛	1					2	3	旅游休闲娱乐和海洋保护,兼顾港口航运
合计	12	132	154	224	116	8	646	

第3章 海岛资源特征与开发现状

3.1 海岛资源特征

3.1.1 资源量丰富、种类多

广西海岛资源丰富、种类多。据广西海岛保护规划资料,广西沿岸海岛区自然资源主要有红树林资源、珊瑚礁资源、海洋生物资源、港口资源、渔业资源、旅游资源、植被资源、可再生资源和鸟类资源9种。

1)海岛生物资源

广西沿岸海岛区具有经济价值的渔业资源较为丰富。涠洲岛—斜阳岛海区位于著名的北部湾渔场的北部,渔业资源丰富,鱼类种类250多种;钦州湾鱼类资源种类亦较多,有底栖鱼类153种,游泳鱼类27种;防城港湾及附近海区有鱼类38种;铁山港湾、南流江口、珍珠港湾有鱼类20多种。大风江河口湾海区的渔业资源主要是海水养殖资源,有利于养殖近江牡蛎、对虾、弹涂鱼和青蟹等品种。

广西海岛海洋生物资源属种在不同岸段不同海湾的海岛区有所不同,其中:涠洲岛—斜阳岛海区浮游植物种类有25种,浮游动物种类41种,潮间带生物109种,底栖生物279种,游泳生物80种;钦州湾海岛区浮游植物有43种,浮游动物83种,潮间带生物85种,底栖生物53种,游泳生物40种;防城港湾海岛区浮游植物有38种,浮游动物23种,潮间带生物26种,底栖生物25种,游泳生物30种;大风江河口湾海区浮游植物有48种,浮游动物46种,潮间带生物33种,游泳生物20多种;廉州湾南流江河口海岛区浮游植物种类有66种,浮游动物75种,潮间带生物37种,底栖生物21种;铁山港湾海岛区浮游植物有52种,浮游动物15种,潮间带生物19种,底栖生物15种;珍珠港湾海岛区浮游植物种类有46种,浮游动物种类40种,潮间带生物66种,底栖生物84种。

广西海岛沿海滩涂有生态保护良好的红树林,面积占全国40%左右。广西海岛红树林植物和半红树植物共有13科17属18种,其中红树科3属各1种,组成的红树林多呈灌丛。广西海岛红树林的主要树种有白骨壤、桐花树、秋茄、红海榄、木榄、老鼠勒等。

涠洲岛—斜阳岛珊瑚礁生态资源丰富,有造礁石珊瑚22属46种,是广西唯一的珊瑚礁分布区，也是南海北部湾珊瑚礁分布最北缘海区，作为重要的热带海洋生态系，具有极大的科研和生态价值。

广西海岛的鸟类资源主要分布于涠洲岛和斜阳岛，有鸟类 50 科 179 种，其中繁殖鸟 19 种，候鸟 48 种，旅鸟 112 种。

2）海岛岸线资源

广西绝大多数海岛面积较小，岸线周长基本小于 20 000 m。北部湾广西 7 个海区中岸线长度超过 20 000 m 的海岛包括涠洲岛海区的涠洲岛，钦州湾海区为龙门岛、西村岛、沙井岛，廉州湾海区为更楼围岛、外沙岛、南域围岛，其他海区海岛岸线长度都小于 20 000 m。此外，钦州湾海区除团和岛岸线为 12 832 m，其他海岛有 218 个海岛岸线长度在 2 000 m 以下，相当于钦州湾海区海岛约 93% 的海岛，大风江河口湾海区海岛则 97% 的海岛岸线长度小于 2 000 m，廉州湾 27 个海岛岸线长度小于 2 000 m，相当于整个海区 80% 的海岛，铁山港海岛岸线长度除观海台岛为 2 178 m 外，其他 19 个海岛都小于 2 000 m，防城港则有 239 个海岛的岸线长度小于 2 000 m，珍珠港除独墩岸线长度为 2 488 m 外，其他 36 个海岛岸线长度都小于 2 000 m。

广西近海海岸线曲折，港湾水道众多，天然屏障良好。从东至西，有英罗港、铁山港、廉州湾等 10 余个大中型天然港湾，其中不少港湾具备水深港阔、避风隐蔽、不冻不游等特点，建港的自然条件十分优越。钦州湾海岛区的三墩岛沿岸深水岸线可建 10 万 ~ 20 万吨级散货泊位 11 个、2 万 ~ 5 万吨级集装箱泊位 15 个，箭沟墩岛可建设 0.5 万 ~ 5.0 万吨级泊位 12 个，观音塘岛群岸段可建设 3.5 万 ~ 5.0 万吨级泊位 7 个，樟木环岛一带可建设 2.5 万 ~ 3.5 万吨级泊位 8 个；涠洲岛西北岸梓桐木—后背塘沿岸 5 ~ 20 m 等深线离岸较近，可建 5 万 ~ 30 万吨大型泊位码头及南岸南湾可建 1 000 吨以下泊位码头；龙门岛、沙井岛港渔、商港兼备；防城港湾东暗埠口江沿岸海域海岛港口岸线可建设 50 多个 5 万吨级的深水泊位。

3）海岛能源与矿产

广西近海所处的北部湾是我国沿海六大含油盆地之一，油气资源蕴藏量丰富，初步预测其油气资源量为 22.59×10^8 t，其中石油资源量 16.7×10^8 t，天然气（伴生气）资源量为 $1\,457 \times 10^8$ m³。在东经以东分布有我国两个重要的含油气沉积盆地，即北部湾盆地和湾口的莺歌海盆地。

广西近海的海洋能源主要有潮汐能、海流能和波浪能。其沿岸海岸线曲折，港湾众多，湾潮波系统的潮差大，潮能蕴藏量丰富，开发利用条件好，仅广西沿岸就有 18 处港湾均具有装机容量 500 kW 以上的开发条件，海洋能源的总储量达 92×10^4 kW，白龙尾半岛附近为沿海的高风能区，年平均有效风能达 1 253 kW·h/m²，涠洲岛附近海域年均有效风能为 811 kW·h/m²，可开发利用的潮汐能源有 38.7×10⁴ kW，可建设 10 个以上风力发电场和 30 个潮汐能发电点，发展潜力大。此外，广西近海地区的海流能和波浪能蕴藏量也较大，可供开发利用条件良好，北海和钦州还有储量丰富的海滨砂矿。

4）海岛旅游资源

广西海岛海洋环境优美，风景秀丽，旅游资源十分丰富，其中：涠洲岛、斜阳岛有火山口、火山锥、火山弹地貌景观，海蚀崖、海蚀平台地貌景观，沙滩沙堤、珊瑚礁生态景观等；钦州湾有七十二泾群岛风光，潮流通道，海岛岸滩红树林，麻蓝头岛沙滩与防护林带；防城港西湾有针鱼岭、长榄、洲墩、北风脑、龙孔墩、将军山等海岛与海湾、海岛跨海大桥和港口景观，红沙六墩、小六墩、六墩尾等海岛沙滩、岩滩、海蚀地貌自然风光；南流江河口有典型河口红树林生态和海岛生态农业景观旅游；珍珠港湾内海岛区东南部海域有龙珍台、珍珠墩、大双墩、小双墩、蛤墩，还有珍珠养殖，具有海岛、海湾、生态养殖、垂钓等海岛旅游资源。

3.1.2 各海岛的自然资源差异显著，资源空间分布不均衡

受自然、社会、经济等因素影响，海岛自然资源禀赋差异显著，地理空间分布不均。滨海旅游资源主要分布在涠洲岛—斜阳岛、钦州湾七十二泾群岛等；鸟类资源主要分布在涠洲岛和斜阳岛；珊瑚礁分布于涠洲岛周围浅海等；可再生资源（海洋能、风能等）主要分布于远离海岸的涠洲岛和斜阳岛；红树林资源主要分布于钦州茅尾海东北部沙井岛、龙门七十二泾海岛群、大风江河口湾海区北部、北海市南流江河口南域围岛、更楼围岛、七星岛南部沿岸，防城港市西湾的长榄岛南部沿岸，在铁山港湾、金鼓江、防城港湾东湾的小岛以及龙门岛的岛缘亦有红树林分布。

3.2 海岛的资源开发特征

3.2.1 海岛人口现状

衡量一个海岛能否开发的关键因素是能否适宜人类居住。目前是否适合居住或者作为暂住的重要依据就是海岛是否已有常住人口。常住人口的存在是海岛在开发与自然保护之间可持续发展的关键。或者说，如果一个海岛目前没有人居住，这就表明至少目前该海岛尚难谈及所谓的人口—经济—资源一体化可持续发展。

从广西海岛人口调查情况看，涠洲岛—斜阳岛海区，涠洲岛常住人口为 16 000 人，斜阳岛为 317 人。钦州海区常住人口主要包括：沙井岛有 5 100 余人、龙门岛有 6 000 余人、西村岛有 3 000 余人、团和岛有 2 100 余人，此外，簕沟墩有 258 人、

麻蓝头岛有 25 人，其他海岛皆无常住人口。大风江河口湾海区目前海岛尚无常住人口。南流江河口海岛有常住人口的有北海合浦的南域围，约 8 673 人、七星岛有 1 828 人、更楼围有 17 625 人，外沙岛有 6 306 人，铁山港和珍珠港海区的海岛尚无常住人口，防城港海区则是针鱼岭海岛有常住人口 734 人。目前广西海域具有适宜居住的海岛有 14 个。

3.2.2 海岛社会经济开发现状

由于广西海岛距离大陆较近，便于开发。故虽然没有常住人口，但因为养殖和旅游等需要，已经有很多海岛或多或少已经刻上人类活动的印迹。经调查和统计，涠洲岛海区中的涠洲岛不仅建有工业、渔业，而且有相对成熟的交通运输；斜阳岛则已有简易码头，水电基本自给；钦州湾海区 234 个海岛中仅 78 个海岛处于尚为未开发状态；其他海岛则主要以渔业为主，旅游娱乐次之，一般都已有简单民房和简易交通运输设施。此外，也有专属岛屿用于国防，如龙门岛。大风江河口湾海区的海岛主要是基岩岛，只有 7 个尚处于未开发状态，其他海岛都是用于渔业，即主要是对虾养殖，并有简易的渔民用房，部分海岛有架空大陆引电。此外，一些海岛则主要用于种植桉树等。廉州湾南流江口海岛基本为沙泥岛，35 个海岛中有 16 个海岛尚处于未开发状态，水电设施相对较好，以渔业为主，并主要是渔民在岛周围构建养殖水塘，这些岛屿部分已被填海而连岛。铁山港海区的海岛为沙泥岛，7 个尚处于未开发状态，开发状态的为渔业养殖，但和南流江河口海岛比较，该海区的海岛基本尚无水电等基础设施。防城港海区的 249 个海岛中 73 个海岛尚处于未开发状态，但开发的海岛亦主要以渔业为主，仅有如六墩尾等为数不多的海岛作为旅游开发。分布在该海区的海岛基础设施如供电设施等尚可，此外，部分用于农业，如人工种植桉树。珍珠港海区的 37 个海岛有 23 个处于未开发状态，已开发的海岛基本水、电及通信设施较齐备。

3.2.3 典型海岛土地利用特征

土地利用现状在本质上反映了人类活动作用的强度，同时也反映了海岛的规划和利用程度。由于广西海域海岛面积超过 $10 \times 10^4 \ m^2$ 的较少，总共不超过 40 个，部分如西村、东村和龙门岛连接成陆。此外，目前有常住人口的海岛也不超过 13 个。因此，考虑到海岛面积、海岛的重要性和人口，在此选择钦州湾海区的龙门岛、涠洲岛—斜阳岛海区的涠洲岛、南流江口海区的七星岛对其土地利用变化状态进行分析。

龙门岛土地利用现状与规划。如图3-1和表3-1所示，基于高分辨率的"资源 1 号"卫星影像，对龙门岛的土地分类进行解译，同时于 2014 年 5 月在龙门岛进行实地勘探和地物对照，龙门岛显然已成为人类高聚居区，植被次之，同时还有和人居建筑基本相当的裸地，这和实地勘查有较大的相似性，海岛部分地方荒芜，同时值得提及的是，与人类建筑比较，海岛的水体面积较少。考虑到海岛本身淡水资源紧缺，因而在大力发展龙门岛的同时，如何合理利用淡水和挖掘更多的淡水源可能是其主要重点。

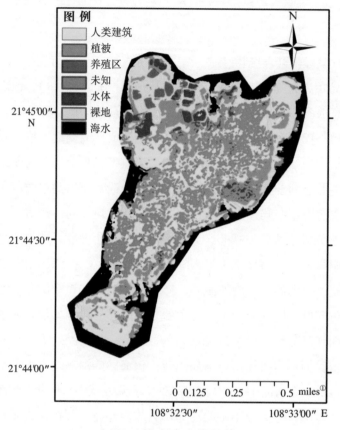

图3-1 龙门岛土地分类

表3-1 龙门岛土地利用类型面积

类别	面积/m²	所占百分比/（%）
人类建筑	372 188	24.55
植被	254 096	16.76
养殖区	30 084	1.98
未知	411 468	27.14
水体	74 776	4.93
裸地	373 616	24.64

① miles为非法定量单位，1miles＝1.6 km。

　　涠洲岛的土地利用变化。如图3-2和表3-2所示，在此需要强调的是，作为广西最大的旅游海岛，其土地利用中的香蕉植被占了55.8%，当地香蕉甚至直接废弃在树上任其凋落。人类居住面积亦占了19.72%，旅游沙滩不到5%。从目前涠洲岛的土地利用变化来看，土地使用单调，淡水资源同样紧缺，此外，我们的实地勘探还表明，涠洲岛的海滩尤其是珊瑚礁海滩处于较严重的侵蚀状态。

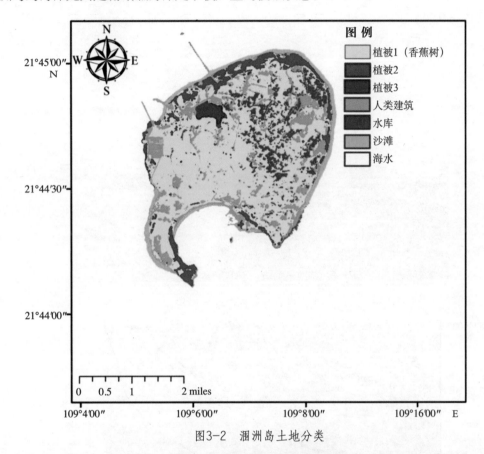

图3-2　涠洲岛土地分类

表3-2　涠洲岛土地类型面积

类别	面积/m²	所占百分比/（%）
植被1（香蕉树）	14 661 888	55.80
植被2	2 296 576	8.74
植被3	2 417 664	9.20
人类建筑	5 181 440	19.72
水库	418 816	1.59
沙滩	1 296 384	4.93

　　七星岛土地利用现状与规划。与龙门岛、涠洲岛比较，七星岛位于南流江河口，其主要以养殖为主，养殖业约占整个海岛的50%，主要是以养殖跳跳鱼、对虾为主，养殖较为单调（图3-3），同时，七星岛淡水资源较少，主要是基于潮水涨落的规律而直接引用南流江的水。另外，七星岛的道路仅占全岛的3%，主要是以机耕路为主，进出七星岛是利用摆渡船。所以，如发展为旅游海岛，基础设施特别是交通工具需要改进（图3-4和表3-3）。

图3-3　七星岛虾塘

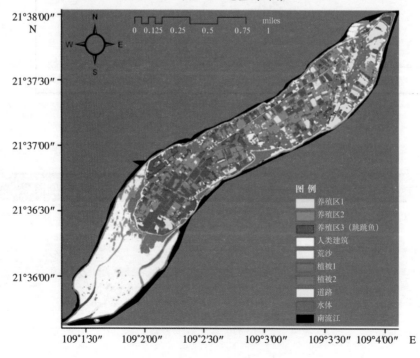

图3-4　七星岛土地分类

表3-3　七星岛土地利用类型面积

类别	面积/m²	所占百分比/（%）
养殖区1	1 226 960	6.12
养殖区2	4 854 096	24.21
养殖区3（跳跳鱼）	3 958 848	19.75
人类建筑	358 528	1.79
荒滩	4 716 032	23.52
植被1	784 128	3.91
植被2	2 738 960	13.66
道路	601 152	3
水体	809 936	4.04

第4章　海岛开发利用指标体系分析

4.1　国内外海岛开发利用指标体系

随着经济的发展，人类社会对环境的影响力巨大，全球范围的环境污染和破坏日益严重，环境问题普遍受到各国的关注。人们在海岛开发利用过程中，更加注重海岛开发利用的可持续问题。1987年，世界环境与发展委员会在著名的报告《我们共同的未来》中，提出可持续发展思想，并将可持续发展定义为："既能够满足当代人的需求，又不对后代人满足需求造成危害（WCED，1987）。"得到世界各界广泛认同。

可持续发展将发展作为首要原则，但这种发展必须是可持续的，满足代际发展的需求。因此，我们在海岛开发利用中应该遵循可持续发展理念，促进海岛自然—社会—经济—环境系统的可持续发展。海岛可持续发展可以看作是对海岛的可持续管理，即既要考虑诸如产业、旅游与休闲、渔业、农业、水产养殖等产业活动带来的环境问题，也要注重对海岸带资源、生态系统、水质等管理（UNEP-MAP，2002）。海岛可持续管理着力于未来。主要考虑以下一系列的发展问题：

（1）经济问题：资源有限，远离市场，国际市场脆弱，贸易受侵蚀，外部援助的高水平，粮食净进口国，旅游业和公共部门占据优势地位。

（2）环境问题：对自然灾害的脆弱性，自然资源退化和过度开采，丰富的生物多样性和传统的农业系统的损失。

（3）社会问题：各种膳食摄入量和营养问题，制度"人才流失"，熟练的人力和机构能力薄弱的稀缺性（Chatziefstathiou Michael and Spilanis Ioannis，2009）。

由于海岛开发利用问题的复杂性和特殊性，至今还尚未形成普遍认可和适用的指标体系（柯丽娜，等，2011）。比较典型的代表包括李金克、王广成（2004）在参考国内外可持续发展指标体系研究成果的基础上，结合海岛地区的实际情况以及数据资料的可获得性，应用系统学的理论和方法，把可持续发展评价指标体系分为总体层（A）、系统层（B）和指标层（C）3个层次。总体层（A）：表达可持续发展总体能力，代表着海岛可持续发展战略实施的总体态势和效果。系统层（B）：可持续发展评价的一级综合评价指标，在这一层指标中，设立了社会经济（B_1）、海洋产业（B_2）、资源（B_3）、生态环境（B_4）、可持续发展潜力（B_5）子系统指标，用于评价可持续发展进程中经济社会、海洋产业、资源、生态环境、可持续发展潜力的状况。指标层（C）：是系统层的支撑指标，指标层的所有指标都由具体的量化指标构成（表4-1）。

表4-1　海岛开发利用评估模型可持续发展协调度（A）

社会经济（B₁）	海洋产业（B₂）	资源（B₃）	环境（B₄）	发展潜力（B₅）
海岛人均GDP（C₁）	海洋水产业产值（C₆）	人均淡水资源占有量（C₁₀）	沿岸海域水质综合指数（C₁₄）	科研经费占GDP比重（C₁₉）
海岛GDP增长率（C₂）	滨海旅游业产值（C₇）	人均滩涂面积（C₁₁）	旅游景点废弃物处理率（C₁₅）	海岛基础设施投资占海岛GDP比重（C₂₀）
恩格尔系数（C₃）	海水养殖占海洋渔业产量比例（C₈）	年旅游量（C₁₂）	植被破坏率（C₁₆）	环保与治理投资（C₂₁）
人均受教育年限（C₄）	海洋第三产业产值占海洋产业产值比重（C₉）	人均土地面积（C₁₃）	森林覆盖率（C₁₇）	
人口自然增长率（C₅）			危物种比例（C₁₈）	

柯丽娜、王权明和宫国伟（2011）借鉴牛文元团队可持续发展评价模型，从生存支持、环境支持、发展支持、社会和智力支持 4 个维度，探讨海岛可持续发展评价的指标体系和方法模型，将海岛可持续发展指标体系分为 3 个层次：总体层（A）、系统层（B）和指标层（C）（表4-2），共遴选 27 个指标来表征系统层的行为、变化的原因和动力，构建海岛可持续发展评估指标体系。

王芳、唐伟和于灏（2011）依据环境生态、海岛资源、海洋社会经济发展、海岛科技智力 4 个方面，选取海岛环境指标、海岛生态指标、海岛水文气象指标、空间资源状况指标、资源转化效率指标、生存持续能力指标、海洋水产业指标、海岛旅游业指标、海洋服务业指标、海岛科技能力指标、海岛管理能力指标和海岛高技术应用能力指标等 12 个指标，构建无居民海岛开发利用现状评价体系（表4-2）。

表4-2　海岛可持续评价指标体系

总体层（A）	系统层（B）	指标层（C）
海岛可持续发展总体能力	海岛生存支持系统（B_1）	海水养殖产量（C_1）
		粮食产量（C_2）
		海洋捕捞产量（C_3）
		渔业总产值（C_4）
		海岛淡水资源量（C_5）
		年旅游收入（C_6）
		年海上货运运输量（C_7）
	海岛环境支持系统（B_2）	海岛沿岸海域水质综合指数（C_8）
		岛内动气污染综合指数（C_9）
		工业废水排放达标率（C_{10}）
		工业固体废弃物利用率（C_{11}）
		工业废气处理率（C_{12}）
		森林覆盖率（C_{13}）
	海岛发展支持系统（B_3）	实际使用外资（C_{14}）
		人均GDP（C_{15}）
		固定资产投资额（C_{16}）
		社会消费品总额（C_{17}）
		第三产业占GDP比重（C_{18}）
		社会劳动生产率（C_{19}）
	海岛社会智力支持系统（B_4）	人口自然增长率（C_{20}）
		人均收入水平（C_{21}）
		人均教育经费支出（C_{22}）
		科学事业费、科技三项费占财政支出比例（C_{23}）
		医生数（C_{24}）
		电话普及率（C_{25}）
		教师数（C_{26}）
		中小学在校学生数（C_{27}）

4.2 国内外典型海岛开发利用指标体系分析

从国内外已有的海岛开发利用指标体系看，可以归纳总结为 3 种指标类型，①以海岛自然—社会—经济—环境系统为核心的基本核心指标；②以海岛开发利用主导功能为基础的类别核心指标；③以综合开发利用为主要功能的综合开发利用指标（主要指有居民海岛）。具体指标如下（图4-1）：

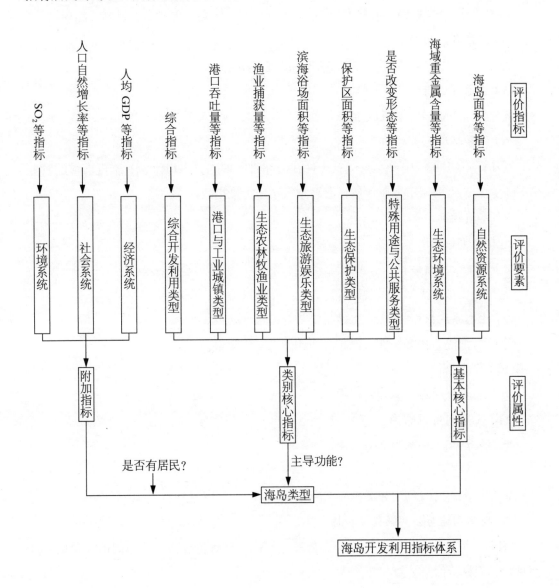

图4-1　典型海岛开发利用指标体系

4.2.1 海岛开发利用核心指标

1）空间资源指标

包括：海岛面积；潮间带滩涂面积；−10 m 等深线以内浅海面积；海湾面积。

2）岸线资源指标

包括：岸线长度；宜建港岸线长度；宜建港址；浅水岸线；岸线侵蚀率。

3）海岛形态指标

包括：海岛形状率；海岛紧凑度；海岛延伸率；海岛分形指数；最高点高程。

4）海岛物质指标

包括：物质类型；粒度参数；海岛岸滩沉积物组分。

5）交通区位指标

包括：近陆距离；海岛交通状况。

6）海岸环境

包括：海岸水域中藻类密度；居住在海岸带区域的总人口比例；临近海域的营养物质含量；临近海域重金属含量；海岛空气环境污染指数。

7）水质指标

包括：临近河口水质量。

8）植被景观指标

包括：植被覆盖率；景观破碎度；归一化植被指数；斑块率。

9）生态系统指标

包括：海岛生物多样性；保护区面积占总面积比重。

10）灾害指标

包括：台风次数；赤潮发生率。

11）土地利用指标

包括：海岛土地利用类型变化。

4.2.2 海岛开发利用分类核心指标

1）特殊用途与公共服务类指标

包括：是否改变用途；形态等是否发生变化；具有特殊科研价值的地区面积；自然地形地貌科研价值。

2）生态保护类指标

包括：保护区面积；珊瑚礁覆盖率；珊瑚数量变化；红树林面积减少率；红树林病虫害；野生鸟类种群数量；关键生态系统的面积；关键物种丰富度；濒危物种的比

重。

3）生态旅游娱乐类指标

包括：滨海浴场面积；海岛游客数量；海岛旅游收入；旅游收入占 GDP 比重；旅游部门就业人数。

4）生态农林牧渔业类指标

包括：氮和硫肥料的施用量；每公顷牲畜养殖数量；农林牧产值；主要海产品的年捕获量；海域可养殖面积；海珍品资源量；潮间带贝类资源量；每公顷海水养殖数量；渔业总产值；海水养殖产量。

5）港口与工业城镇类指标

包括：港口货物吞吐量；港口中转能力；仓储面积；工业增加值；工业能源消耗量；临海工业污染物排放量；住房建设用地；交通建设用地；城市扩展指数。

6）能源与矿产类指标

包括：石油地质蕴藏量；天然气资源量；可再生能源蕴藏量（潮汐、波浪、风力等）；潮汐、波浪、风力等可开发数量；潮汐、波浪、风力等可能装机容量；潮汐、波浪、风力等可能年发电量；矿产储量。

7）综合用途类指标

依据其主要功能确定指标。

8）其他类指标

依据海岛利用功能性质是否改变而确定。

4.2.3　有居民海岛开发利用指标

1）经济指标

包括：海岛经济密度；人均地区生产总值；人均工业增加值；人均水产品产量；人均农作物产量。

2）社会指标

包括：人口自然增长率；人均教育经费支出；在校中小学生人数；医生人数；电话普及率；科研经费占财政支出比重；海岛人均可支配收入；居民恩格尔系数；文物古迹保护率；法律法规制定执行的项数。

3）环境指标

包括：作物受灾面积；海岛绿化率；全年造林面积；CO_2 排放量；SO_2 排放量；NO_x 排放量；生活污水处理率；公众环境满意度。

4.3 小结

　　海岛开发利用实质上是海岛自然—社会—经济—环境系统之间相互协调、平衡发展的一种新模式。目前，学者多采用自然—社会—经济—环境系统分析框架，选取单项指标构建海岛开发利用评价指标体系。本章重点归纳剖析了国内外海岛开发利用指标体系，将其归纳总结为基本核心指标、类别核心指标和有居民海岛开发利用指标三大类。进一步分析表明，自然—社会—经济—环境系统分析框架能够很好地阐释海岛开发利用的实质，具有很好的操作性和实践价值。

第5章　典型海岛开发利用指标研究

广西海岛实现开发利用目标的关键是要实施"以保护为主，适度开发为辅"的海岛开发利用思路。《广西壮族自治区海岛保护规划（2011—2020）》《广西壮族自治区海洋主体功能区划（2011—2020）》等规划都对广西的海岛保护与适度开发做出相应的规划与要求，并且针对不同海岛的资源环境承载力、区位条件等因素，确定了其不同的主导功能。但目前广西并没有建立针对不同类型、不同功能的海岛开发利用评估体系，在一定程度上也制约了管理部门对海岛开发利用状态的科学判断，影响海岛开发利用政策的制定和实施。为此，本研究以海岛开发利用、海岛可持续自然资源管理和环境保护为框架，试图建立基于不同类型、不同功能海岛开发利用指标体系，以便于对广西海岛开发利用状态进行评估与监测，促进海岛及沿海地区自然、社会、经济和环境可持续发展。

5.1　典型海岛开发利用指标体系分析

从系统论的视角看，海岛是一个由自然资源—经济—社会—环境系统构成的复合巨系统（图5-1）。由自然资源—经济—社会—环境系统构成的开发利用框架以自然资源为基础，强调各系统之间以及系统内部的公平、协调和发展。海岛的土壤、植被、水文、气候等自然要素构成海岛自然资源系统；人口、社会、经济等人类生产、生活扰动，又会对海岛系统产生深刻的影响，共同构成海岛社会经济和环境系统。因此，对于海岛开发利用评价，可以考虑从自然资源基础、社会经济活动、生态环境系统以及外部扰动3个维度，对广西海岛开发利用评价指标体系进行优化（图5-2）。

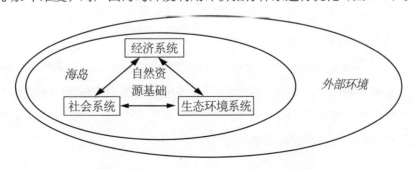

图5-1　海岛自然—社会—经济—环境系统

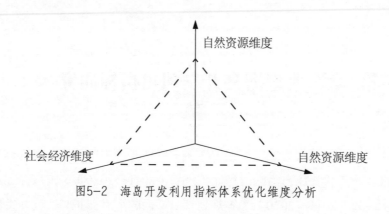

图5-2　海岛开发利用指标体系优化维度分析

5.2　典型海岛开发利用指标选取原则

基于可持续发展的自然—社会—经济—环境系统分析框架，从自然资源、社会经济、生态环境维度，选取单项评价指标，对广西典型海岛开发利用指标体系进行优化，并遵循以下原则选取评价指标。

5.2.1　生态保护原则

广西海岛开发利用的目标是促进自然、经济、社会和生态环境之间的协调发展。因此，广西海岛的开发利用应遵循以生态保护为主，适度开发利用为辅的基本思路。具体在开发利用指标体系优化中，应以生态保护指标为主，开发利用指标为辅。

5.2.2　主导性原则

由于海岛是一个复杂的巨系统，其发展是"自然—社会—经济—环境"等众多要素相互作用的结果，内容繁多，涉及生态、经济、社会、政治、文化等诸多层面，在指标的选择时，不可能将所有指标都包含其中，因此本文遵循主导性原则，选取少数具有代表性、典型性和信息量较大的指标。

5.2.3　动态性原则

海岛开发利用一个动态演变过程。随着区域社会经济发展，资源禀赋、生态环境等都会发生变化，海岛"自然—社会—经济—环境"系统中的诸多要素的状态以及结构和功能关系也发生变化。为此，广西海岛开发利用评价指标体系优化，也要根据具体情况选取不同的指标，确定不同的指标权重。

5.2.4　层次性原则

广西海岛开发利用评价指标体系涉及人口、资源、环境、社会、经济等多个维度，要根据各维度之间的相互关系和系统结构体系，构建层次分明的评价指标体系。

5.2.5　可操作性原则

广西海岛开发利用评价需要大量数据作为基础，并且还要考虑到数据的科学性、可靠性、权威性和易获取性，因此，要尽量选取现行统计体系中的指标。目前统计不完整，但对评价而言又十分重要的指标，则采用相似指标进行替代。

本节在上述北部湾海岛指标选取框架和原则的基础上，根据该区域海岛的实际情况，从北部湾海域海岛主要属性指标方面进一步分析广西海岛经济、社会和自然资源的禀赋特征。

5.3　海岛主要属性指标

海岛的形状具有多样性，但海岛的形状直接涉及自然、经济因素，并影响各种人文现象的空间变化。物种数量在很大程度亦和岛屿的形状直接相关，对于较长的边界、较大的面积，这类海岛常常具有较少的物种资源，却含有较多的生活在边境生境的物种。同时，岛屿离岸的远近又决定了物种的变化。面积越大，距离大陆和其他岛屿越近，物种丰度越高，物种灭绝的可能性就越小。目前已经有很多海岛被划分为自然保护区，然而，对于保护区一般认为应尽可能接近圆形，避免狭长形的保护区，因为圆形可以减少边缘效应，而狭长形的保护区造价较高，如修建围栏，保护区明显因围栏长度而提高造价。此外，狭长的围栏受人为的影响也较大。而如海岛的海岸趋于平直化，则不利于港口建设。同时，远海海岛生境相对多样化。

5.3.1　近岸距离

近岸距离的远近直接对海岛的环境保护、海岛的开发有决定性作用，这是海岛是否可持续发展的重要指标。在此将北部湾海岛分为 7 个海区分析。对于涠洲岛海区，近岸距离是北部湾海岛区离大陆面积最远，基本超过 30 km 以上（图5-3）。据图5-4所示，钦州湾海岛除大三墩（编号233）介于 4～4.5 km，其他绝大多数海岛都是离大陆距离 2 km 以下。大风江河口湾海区海岛 71 个海岛则距离大陆都在 1 000 m 以内的距离（图5-5）。廉州湾 34个海岛则距离大陆都是在 2 000 m 以内，绝大多数海岛在 1 km 以内（图5-6）。铁山港湾海岛除观海台岛在 2～3 km 内，其他均在 1 km 以

内（图5-7）。防城港海岛区除烧火墩大岭岛在离岸 16 km，其他都在2 km 以内（图
5-8）。此外，珍珠港海区海岛亦都在 2 km 以内（图5-9）。

总体而言，北部湾海岛的位置和我国其他海区乃至世界沿海国家比较，海岛离大
陆位置是非常近的，并适合于深层次的开发，但又必须指出，离大陆越近，遭遇人为
破坏的程度就越强。

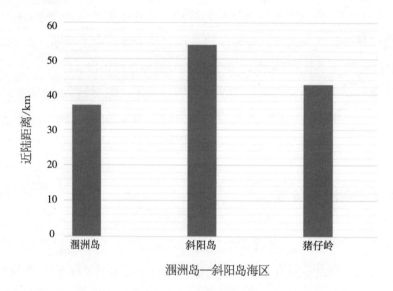

图5-3　涠洲岛—斜阳岛海区海岛近陆距离变化

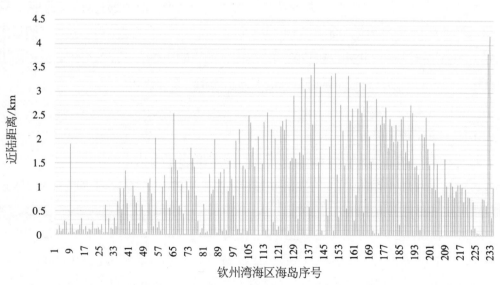

图5-4　钦州湾海区海岛（序号为广西海岛统一标准编号，下同）近陆距离

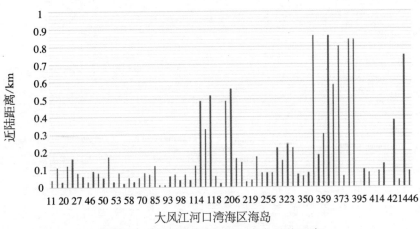

图5-5 大风江河口湾海区海岛近陆距离

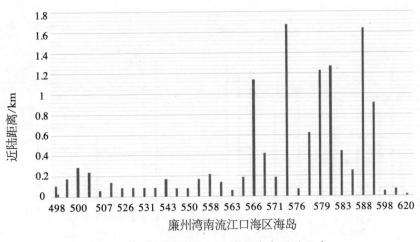

图5-6 廉州湾南流江口海区海岛近陆距离

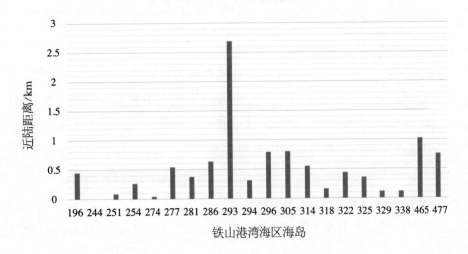

图5-7 铁山港湾海区海岛近陆距离

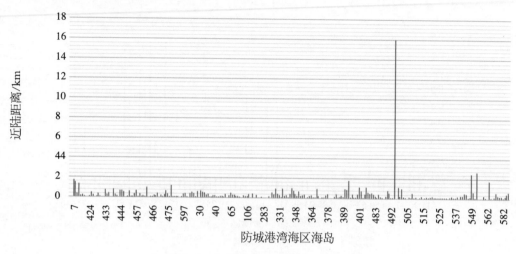

图5-8　防城港湾海区海岛近陆距离

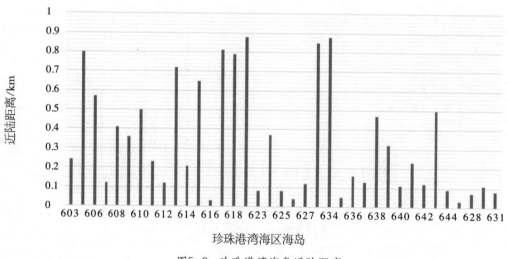

图5-9　珍珠港湾海岛近陆距离

5.3.2　海岛面积

海岛是四面环水并在高潮高于水平面的自然形成的陆地，海岛面积的大小直接决定了海岛的发展空间和规模，因此海岛的面积是海岛开发与保护的另一重要指标。1986年11月，联合国教科文、联合国环境规划署、联合国国际贸易与发展会议、美国和加拿大人与生物圈国际委员会共同发起，由美国人与生物圈计划加勒比海岛屿理事会具体组织，在波多黎各举行了"小岛持续发展及管理国际研讨会"，会议明确了小岛的概念，即陆地面积在10 000 km²以下，人口不足50万人的岛屿，均为小岛范畴。因此，广西最大的海岛为涠洲岛，面积不到25 km²，人口不足2万人，广西海域的海岛都属于小岛。

尽管广西海域小岛面积各异，但由于距离大陆较近，海岛的面积虽小，但如果合理规划亦能实现其应有的资源—环境—经济的可持续发展。在此先对每个海区海岛面积的变化做一分析。首先，对于涠洲岛而言，面积为广西最大（图5-10）。钦州湾面积超过 10×10^4 m^2 的海岛有 21 个（图5-11），面积为（$1\sim10$）$\times10^4$ m^2 的海岛为 72 个，其他海岛面积小于 1 000 m^2 的为 36 个。大风江河口湾海岛面积超过 10×10^4 m^2 的仅 4 个（图5-12），而面积为（$1\sim10$）$\times10^4$ m^2 的海岛为 23 个，小于 10 000 m^2 的海岛为 40 个。廉州湾海区面积超过 10×10^4 m^2 的为 11 个（图5-13），面积为（$1\sim10$）$\times10^4$ m^2 的海岛 14 个。铁山港海区面积超过 10×10^4 m^2 的海岛为观海台岛，其他都是 5×10^4 m^2 以下的海岛。此外，防城港海区超过 10×10^4 m^2 的海岛为 23 个（图5-14），面积为（$1\sim10$）$\times10^4$ m^2 的海岛为 89 个。珍珠港海区面积超过 10×10^4 m^2 的海岛为独墩，大墩、蛤墩、马鞍墩、尖山大墩岛、白马墩面积都介于（$1\sim3$）$\times10^4$ m^2，其他 31 个海岛面积均小于 10 000 m^2。

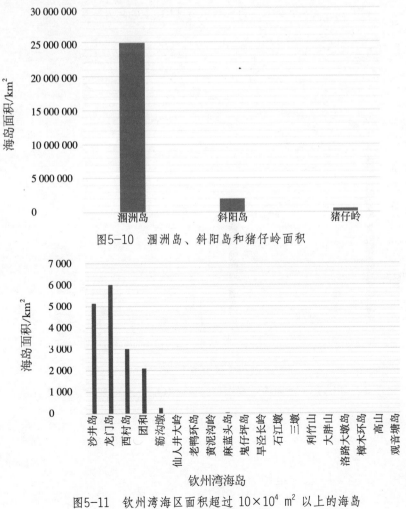

图5-10　涠洲岛、斜阳岛和猪仔岭面积

图5-11　钦州湾海区面积超过 10×10^4 m^2 以上的海岛

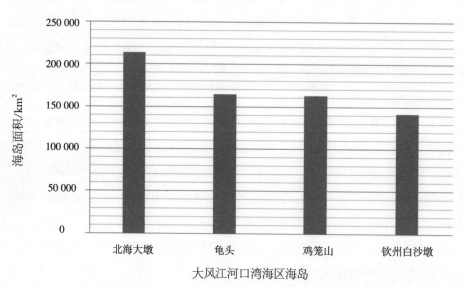

图5-12　大风江河口湾海区面积超过10×10⁴ m² 的海岛

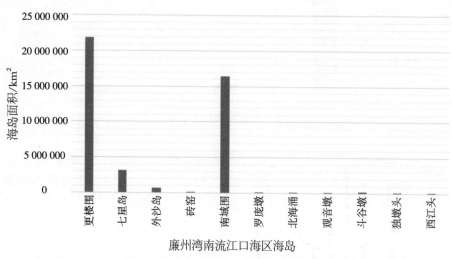

图5-13　廉州湾南流江口海区面积超过10×10⁴ m² 的海岛

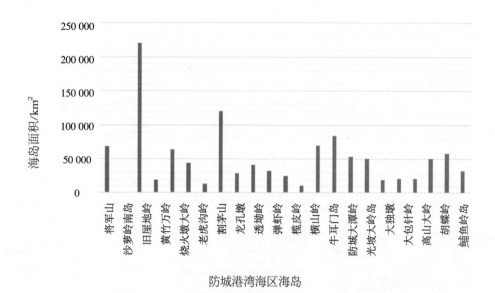

图5-14 防城港湾海区面积超过10×10^4 m^2 的海岛

5.3.3 海岛岸线长度

海岛岸线长度的变化直接涉及港口选址、岸线利用以及人类活动的强度，这也是评价海岛是否可持续发展的主要指标。北部湾 7 个海区海岛的岸线变化不尽相同，具体海区海岛岸线情况在第三章海岛资源特征一节已有论述，此处不再赘述。

由此可见，广西水域海岛不仅面积小，同时岸线长度亦小，如何利用有限海岛面积和发挥较短的岸线长度是当前海岛规划需要考虑的重要问题。

5.3.4 海岛最高点高程

海岛初露水面的最高点在很大程度反映了海岛的可能剥蚀能力，譬如，相对高程越大，随着降雨的影响，因位势梯度的变化导致剥蚀能力加大，相应增加海岛的侵蚀。但这种侵蚀又和海岛的属性相关，如基岩岛的侵蚀能力相对较弱，而有植被覆盖的海岛侵蚀亦较弱。但也要提及的是，海岛的最高点高程越高，在很大程度上亦反映了海岛抵抗风能力的增强，譬如海岛的背风区随着高程点的增高，背风区的范围则增大、受影响的程度相对减弱。此外，高程点的增高对于海岛的风力发电亦提供了很好的契机，因此，海岛最高点高程也是衡量海岛开发和可持续发展能力的一个指标。

广西水域海岛的最高点超过 20 m 的海岛约 87 个，不到全部水域海岛的 15%，其中涠洲岛水域的海岛高程都超过 25 m，斜阳岛最高超过 100 m。钦州水域超过 50 m 的海岛为大胖山、三子沟后背岭，廉州湾水域的海岛高程都少于 10 m，铁山港除高墩和观海台岛高程超过 30 m 外，其他大都小于 10 m，防城港超过 20 m 的海岛为 49 个，尤其将军山、沙萝岭南岛高程均超过 50 m，而旧屋地岭则为 53 m，珍珠港海区则除独墩高程为 28 m，其他都小于 20 m。

5.3.5 海岛人口

衡量一个海岛能否开发的关键因素是能否适宜人居。经历几千年特别是近代、尤其是广西人民的探索和耕耘，目前能否适合居住或者作为暂住的重要证据就是海岛是否已有常住人口。常住人口的存在是海岛在开发与自然保护之间可持续发展的关键。或者说，如果一个海岛目前没有人口居住，这就表明了至少目前该海岛尚难谈及所谓的人口—经济—资源一体化可持续的发展。关于北部湾广西海域海岛人口调查情况，已在第三章海岛的资源开发特征中有所阐述，在此不再赘述。

5.3.6 海岛开发状态

广西海岛离大陆较近，有的已遍布人类的脚印，但较多海岛处于粗放开发或未开发状态。具体开发状态见第 3 章。

第6章 广西海岛岸线利用变化特征

不同性质海岛的岸线位置、长度以及形状不同，直接决定了海岛的潜在开发强度，这在前述章节均已论及。就北部湾水域海岛而言，由于离大陆近，海岛相对集中，有群体优势和良好的地域组合，可适宜"据点式"或"集群式"开发。这是和其他省份海岛明显不同的特色。然而，正是该区域位置特色，也导致海岛资源开发严重依附于海湾地形、水深条件，尤其是海湾本身岸线的利用。换言之，海岛所属海湾岸线开发利用程度高，在某种程度亦反映了海岛资源的开发潜力和价值。故，本章主要就北部湾"大湾套小湾"和海岛的岸线变化进行分析。

6.1 海湾岸线变化特征

为深入而细致地分析海湾岸线的变化特征，本书将北部湾北部的海湾分为珍珠港地区、防城港地区、钦州湾茅尾海地区、钦州港地区、北海以及铁山港6块海区。同时，以1991年和2010年解译的岸线进行比较，以凸显20年时间尺度海湾岸线的变化状态。

在此把这些海湾的岸线细分为40个岸段进行分析（图6-1）。珍珠港海湾的东西A1和A5岸段呈现淤进状态，分别向海淤进了617.81 m和423.47 m，相当于年平均淤积20~30 m，岸线则趋于平直化，但海湾开敞地带的A2、A3、A4和A6岸段呈现蚀退状态，平均年侵蚀速率约为10~25 m。其中A3段岸线蚀退最为严重，向陆后退约536.44 m。此外，这六处岸段中除了A6位于淤泥质海岸与生物海岸交错地区，其他岸段都属于淤泥质海岸。其中A1位于东兴市江平镇巫头村附近，A5位于江山半岛声溪附近，这两处进行过较大规模的填海造田活动，约围垦滩涂浅海区域达1 km²。其他4处则属于自然演变下的向陆蚀退（图6-1a和表6-1）。

表6-1 珍珠港地区典型岸段20年变化

珍珠港	A1	A2	A3	A4	A5	A6
淤进（+）/蚀退（-）/m	617.81	-250.19	-536.44	-256	423.47	-201.86
淤积（+）/侵蚀（-）/km²	1.02	-0.43	-0.92	-0.32	0.7	-0.26

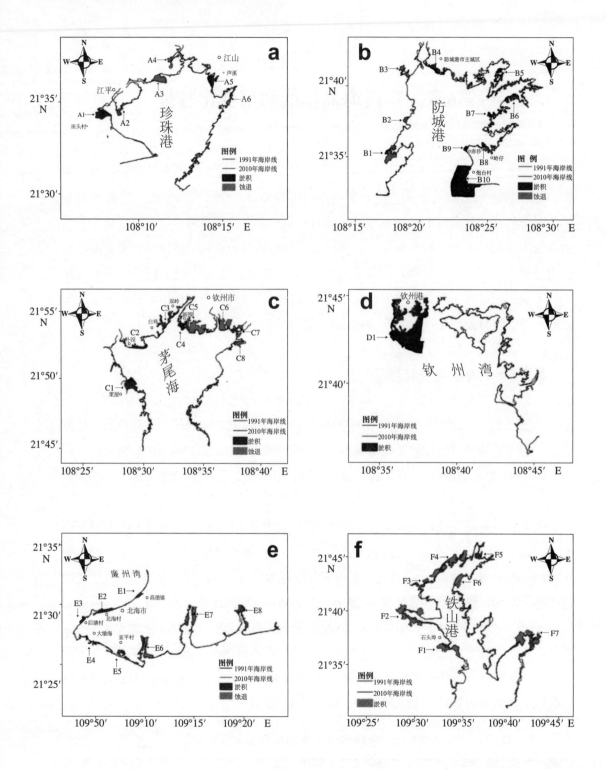

图6-1　广西北部湾岸线变化

表6-2 防城港地区典型岸段20年变化

防城港	B1	B2	B3	B4	B5	B6	B7	B8	B9	B10
淤进（＋）/蚀退（－）/m	−631.94	−314.72	−301.46	349.72	315.12	322.27	166.93	198.02	294.45	2 046.21
淤积（＋）/侵蚀（－）/km²	−1.65	−0.31	−0.35	1.01	0.64	0.67	0.21	0.32	0.26	9.3

　　与珍珠港海湾比较，防城港海湾岸线呈现强烈的冲淤变化态势，以淤积为主。结合图6-1b和表6-2可以看出，海湾的东部 B4、B5、B6、B7、B8、B9 和 B10 岸段在 1991 年岸线曲折，而到 2010 年，先前曲折的岸线基本消失殆尽，并呈现淤进状态，最大淤积距离为 2 046.21 m，相当于年平均淤进 100 m。岸线淤进的过程中同时展现裁弯取直，即平直化程度格外明显。相应的海湾西部 B1、B2 和 B3 岸段呈现蚀退状态，但岸线的形态基本维持不变。就海湾岸线所处的海岸性质而言，这十处岸段中 B1 和 B2 位于砂质海岸、生物海岸、淤泥质海岸交错地区，B3、B4、B5、B6、B7 和 B8 位于生物海岸与淤泥质海岸交错地区，B9 位于砂质海岸地区，B10 位于淤泥质海岸地区。即生物海岸和淤泥质海岸交错的区域呈现淤积，而砂质海岸呈现侵蚀态势。此外，由于B4 岸段位于防城港市主城区附近，进行过填海造陆和防波堤建设；B8 位于岭仔附近，进行了填海造田工程；B9 位于赤沙附近，曾进行了码头建设；B10 位于炮台村附近，此处属于防城港市与武汉钢铁公司合作建设的钢铁基地，该处因扩建码头而向海淤积了9.3 km²，故变化非常剧烈。显然，这四处海湾岸线受人类活动的影响极其明显。B1、B2 和 B3 地区分别向陆蚀退了 1.65 km²、0.31 km²、0.35 km²，从影像上亦可以发现这三处岸段红树林生态系统退化明显，这可能与红树林遭受人类活动的影响有关。故，该海湾岸线整体上呈现西侧蚀退、东侧淤进的空间分布特征。

　　在此将钦州湾分为茅尾海和钦州港两个海区分析海湾的岸线变化。首先，茅尾海海区的岸线冲淤亦展现出强烈的变化（图6-1c，表6-3），与防城港海湾岸线变化相反，茅尾海海区海湾西部 C1、C2、C3 和 C4 岸段呈现淤进状态，大约年平均淤积幅度为 15～50 m。同时，C2、C3 和 C4 岸段在淤积的时候，平直化程度很明显。然而，海湾东部岸线基本冲淤稳定，海湾北部开敞岸段 C5、C6、C7 和 C8 岸段呈现蚀退状态，蚀退总面积达 6.74 km²。值得提及的是，这些岸段中 C1、C5、C6、C7 和 C8 属于生物海岸，其他均属于淤泥质海岸。C1 位于梁屋附近，由于北部湾红树林保护工作的开展导致本岸段红树林向海生长，淤积了 1.95 km²；C2 位于朴谷附近，C3 位于白鸡至双岭一线，C4 位于新围附近，这三段都属于围垦导致岸线向海淤进；C5、C6、C7 和 C8 区域向陆蚀退的原因则主要是其位居开敞岸段，经受强劲的潮流和波浪冲蚀所致。

表6-3   钦州湾茅尾海地区典型岸段20年变化

钦州湾茅尾海	C1	C2	C3	C4	C5	C6	C7	C8
淤进（＋）/蚀退（－）/m	977.44	320.25	301.74	582.52	−826.36	−878.45	−576.72	−369.65
淤积（＋）/侵蚀（－）/km²	1.95	0.71	1.35	0.6	−3.36	−1.72	−1.09	−0.57

钦州港海湾岸线变化较为简单，D1 岸段向海淤进的幅度十分明显（图6-1d）。平均向海淤进 2 752.46 m，淤积了 10.76 km²，其岸线平直化程度很高。这主要是由于 D1 区域为钦州港所在地，该海湾在 20 年内进行了三期港口扩建工程以及中石油项目的扩建后，原本的淤泥质海岸已经变成了人工海岸，这亦在很大程度体现近 20 年来强烈的区域人类活动对广西海岸亦造成严重影响。

表6-4   北海地区典型岸段20年变化

北海	E1	E2	E3	E4	E5	E6	E7	E8
淤进（＋）/蚀退（－）/m	242.39	263.61	344.6	195.03	307.18	−404.29	−418.75	−306.95
淤积（＋）/侵蚀（－）/km²	0.39	1.23	0.52	0.73	0.74	−2.75	−2.68	−1.97

与钦州湾和防城港比较而言，北海海湾岸线的变化相对平缓。结合图6-1e和表6-4可以看出，E1、E2、E3、E4 和 E5 岸段呈现淤进状态，平均淤进速率为 10～15 m/a，这些岸线在淤进的过程中亦趋于平直。而 E6、E7 和 E8 岸段以年平均 15～20 m 的速率蚀退。这些岸段中 E1、E2、E4 和 E5 属于砂质海岸，E3 属于基岩海岸，E6、E7和E8 属于淤泥质海岸。E1 位于北海市高德镇附近，此岸段进行过防护工程建设，向海淤进了 242.39 m；E2 和 E3 分别位于北海村与后塘村附近，这两处都进行了码头的扩建，分别向海淤进了 263.61 m、344.6 m；E4 和 E5 分别位于大墩海与亚平村附近，这两处向海淤进的原因没有查明，它们分别向海淤进了 195.03 m、307.18 m ；本区域的蚀退岸段 E6、E7 和 E8 都位于小海湾中，但是蚀退幅度都比较大，分别达到 404.29 m、418.75 m 和 306.95 m。

结合图6-1f和表6-5可以看出，铁山港地区典型岸段都呈现蚀退状态，西侧与东侧都有岸段呈现蚀退状态，蚀退最剧烈的岸段 F4 向陆蚀退达 827.84 m。这些岸段位于淤泥质海岸与生物海岸交错地区，与钦州湾茅尾海地区蚀退岸段的原因类似，本区域岸段向陆蚀退的主要原因是红树林生态系统退化。铁山港地区存在海岸线向海淤进的情况，但是其变化程度较小，均在误差范围之内，但是铁山港地区海岸线向海淤进/向陆蚀退是同时存在的，利用 DSAS 进行海岸线进退距离的统计在一定程度上弥补了缺少铁山港地区典型岸段海岸线向海淤进部分的不足。

表6-5　铁山港地区典型岸段20年变化

铁山港	F1	F2	F3	F4	F5	F6	F7
淤进（+）/蚀退（−）/m	−691.43	−683.73	−451.65	−827.84	−432.63	−721.53	−367.18
淤积（+）/侵蚀（−）/km²	−3.09	−5.61	−0.85	−6.78	−0.7	−1.85	−2.98

结合图6-1和表6-6可以看出，所有海湾的海岸线都存在向海淤进/向陆蚀退的情况，幅度大小不一，防城港淤积程度最为剧烈，铁山港蚀退程度最为剧烈，北海地区淤积与蚀退程度都较为明显，钦州湾主要表现为淤积为主，珍珠港变化幅度相对较小。

表6-6　北部湾（广西）岸线年变化率（m·a⁻¹）

区域	珍珠港	防城港	钦州湾	北海	铁山港
淤进部分	26	26	27	10	0
蚀退部分	−16	−21	−33	−19	−30

在所统计的 40 个典型岸段中，向海淤进的岸段基本上是直接或间接受人类活动影响所致。可见随着广西经济的发展，广西对海岸带开发的力度在不断加大，围垦、建设防波堤、建设码头是导致岸线平直化和向海淤进的主要驱动力。但是随着广西海岸岸线平直化的加剧，沿岸红树林生态系统的退化，其海岸将越来越不利于抗拒波浪、潮流的动力作用，海岸的脆弱性大大加强，可以预见，在缺乏陆源来沙补给的广西海岸地区，随着经济的快速发展其海岸的侵蚀状况将进一步加剧。

不同类型的海岸中，生物海岸由于红树林生态系统的退化整体上表现为向陆蚀退比较严重。淤泥质海岸由于受人类活动影响较大整体上表现为向海淤进；砂质海岸由于波浪、潮汐等动力作用的影响整体上表现为向陆蚀退；基岩海岸变化不大。就典型区域而言，防城港地区岸线呈现西蚀东淤的分布性，钦州湾茅尾海地区岸线呈现西淤东蚀的分布性，北海地区岸线向陆蚀退部分主要集中在小海湾内，铁山港地区岸线向陆蚀退较为严重。需要说明的是，向海淤进/向陆蚀退都只是一种现象，其本身并无好坏之分，比如对港口地区而言，一定程度的海岸向陆蚀退有利于深水港的建设和减少航道港池维护的工作量，再比如对土壤肥力较好的海岸滩地而言，有序的围垦有助于扩大当地农业的作业范围，提高当地的农业产量，因此对待海岸向海淤进/向陆蚀退这个问题需要辩证地看待，如何结合实际情况因利导势地利用大自然的变化规律和维持人与自然的和谐统一，并为人类服务是我们进行科学研究的下一步工作。

6.2　海岛岸线变化特征

与广西海湾岸线比较，广西绝大多数海岛面积较小，岸线周长基本小于 20 000 m。考虑到当前尚没有对海岛岸线的长度进行不同时间尺度测量的资料，高分辨率的遥感影像则涉及潮位数据资料的校核，因此，很难获取涉及不同时间尺度岸线的变化。在此主要就海岛的岸线长度进行分析。以下进一步详细阐述说明。

6.2.1　涠洲岛—斜阳岛海区海岛岸线特征

涠洲岛—斜阳岛海区的岸线长度变化很大，由岸线超过 20 000 m 的涠洲岛直接变化到不到 300 m 岸线长度的猪仔岭（图6-2），从岸线系数的变化而言，涠洲岛岸线系数最小，猪仔岭的岸线系数最大。这说明涠洲岛的海岸线曲折度相对较小，而猪仔岭岸线曲折度最高。由于猪仔岭海岛的岸线本身长度较小，故海岛的岸线利用价值并不高，而斜阳岛的岸线系数在 3 个海岛中则居优势（图6-3）。

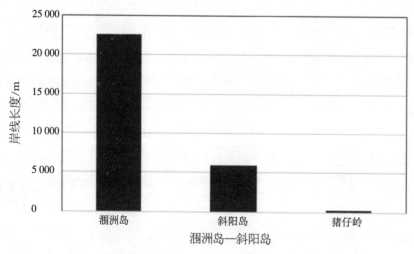

图6-2　涠洲岛—斜阳岛海区海岛岸线长度变化

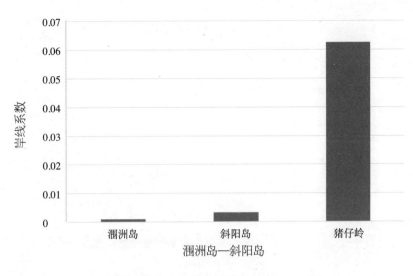

图6-3 涠洲岛—斜阳岛海区海岛岸线系数变化

6.2.2 钦州湾海区海岛岸线变化特征

钦州湾 230 多个海岛的岸线长度约 90% 都是小于 5 000 m，超过 5 000 m 岸线长度的海岛为老鸦环岛、仙人井大岭、簕沟墩、团和、沙井岛、西村岛、龙门岛，其中龙门岛岸线长度为 34 649 m（图6-4）（注：以下图的编号均为广西海岛名目中的海岛实际编号）。实地调查亦表明，钦州湾尤其龙门七十二泾的岛屿不仅面积小，岸线长度亦大都小于 3 000 m。而由岸线系数变化图来看（图6-5），岸线系数高于 0.2 的海岛不到整个海区的 20%，主要包括洗脚墩、西横岭岛、长石、李子墩、榄盆墩、小果子岛、烂泥墩、螃蟹石、小龟墩等，这些海岛基本属于未开发的海岛，且海岛岸线小于 100 m，这就表明：岸线长度越小的海岛反映了岸线系数越大，即面积较小的海岛，岸线可利用程度较高，但反过来，由于海岛本身岸线长度小，由此导致的是，即使岸线曲折度高，理想可利用程度高，但实际上可利用价值不高。

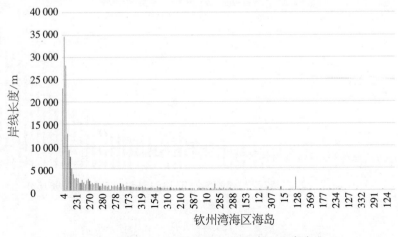

图6-4 钦州湾海区海岛岸线长度变化

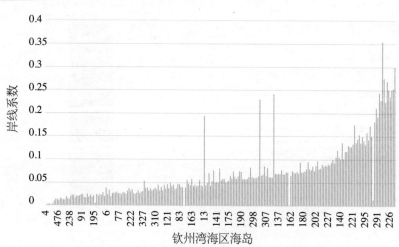

图6-5 钦州湾海区海岛岸线系数变化

6.2.3 大风江河口湾海区海岛岸线变化特征

大风江河口湾海区 70 个海岛的平均岸线长度为 560 m，平均岸线系数为 0.05，岸线长度最小的海岛为东连岛，仅仅 28 m，而岸线长度最大的岛为北海大墩岛（3 070 m），其岸线系数则不到 0.015，远没有达到平均岸线系数（图6-6和图6-7），与钦州湾海区比较，大风江河口湾海区的海岛无论从岸线长度规模还是岸线系数来看，都小于相应钦州湾海区的海岛。

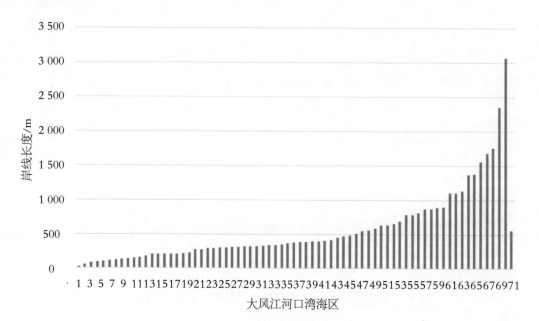

图6-6 大风江河口湾海区海岛岸线长度变化特征

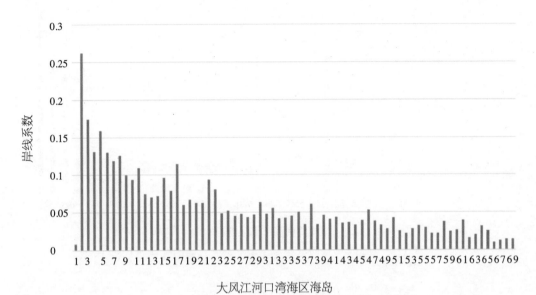

图6-7　大风江河口湾海区海岛岸线系数变化特征

具体而言，岸线长度超过 1 000 m 的海岛不到整个海区海岛的 15%，这些海岛为辣椒墩、抄墩、盘鸡墩、割矛墩、辣椒墩头岛、龟头、钦州白沙墩、鸡笼山、北海大墩等。值得提及的是，这些海岛的海岸线系数均小于 0.03。岸线长度小于 500 m 的海岛超过 45 个，但这些海岛的海岸线系数平均值为 0.07，大于 70 个海岛的平均岸线系数。显然，从岸线长度的变化和相应的岸线系数来看，大风江河口湾海区的海岛开发可利用程度是相对较低的。

6.2.4　廉州湾南流江海岛岸线变化特征

廉州湾南流江海区 34 个海岛的岸线长度变化和岸线系数在统计意义上是成反比关系的（图6-8和图6-9）。这和前几个海区的海岛类似。与大风江河口湾海区比较，该海区超过 10 000 m 的岸线长度有 4 个，为七星岛、更楼围、南域围和外沙岛，这些海岛的岸线系数虽然是最小的，都不到 0.001（除外沙为 0.06）。但值得提及的是，海岛的岸线系数最小，由于岸线长度最大，因而海岸可利用的腹地大，这可能也是这些海岛具有常住人口的主要原因。此外，该海区海岸长度以 1 000 m 为界线，大约 50% 的海岛海岸长度小于 1 000 m，海岸线系数的平均值和大风江河口湾海区海岛的平均系数相当，但海岸线系数小于 0.05 的海岛占整个海区的 85%。

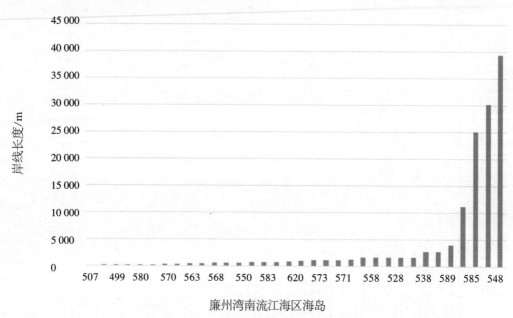

图6-8　廉州湾南流江海区海岛岸线长度变化特征

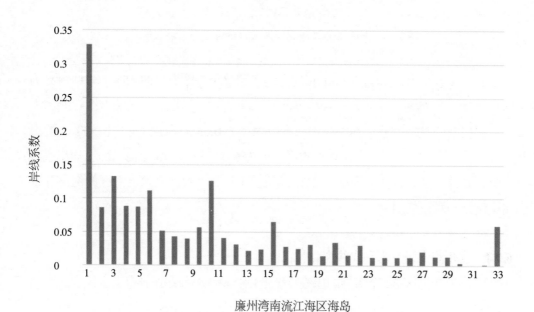

图6-9　廉州湾南流江海区海岛岸线系数变化特征

6.2.5　铁山港海区海岛岸线变化特征

铁山港海区海岛为 20 个，大部分海岛沿海岸分布，已开发和未开发的海岛约各为一半。海区的海岛不仅面积小，其海岸线长度最大的海岛观海台岛为 2 178 m，其他超过 1 000 m 的海岛为高墩和鹅掌墩，海岸线长度分别为 1 247 m 和 1 296 m（图6-10）。小于 500 m 岸线长度的海岛 13 个，约占整个海区海岛的 65%。相应的海岸线系数除中间草墩、北海火烧墩和钓鱼台岛、细茅山外，海岸线系数都小于 0.05（图 6-11）。此外，中间草墩的海岸线系数尽管超过 0.6，但海岸线长度不到 100 m，海岛面积则小于 4 m²，即该岛的利用价值几乎很小。

6.2.6　防城港海区海岛岸线变化特征

防城港海区海岛的工业化开发在整个北部湾海区海岛的规划利用中相对较高，如渔万半岛目前已开发为广西第一大港，而全国沿海 24 个枢纽港之一的防城港则建成在该岛的西南部沿岸。如图6-12和图6-13所示，海区约 95% 的海岛岸线长度小于

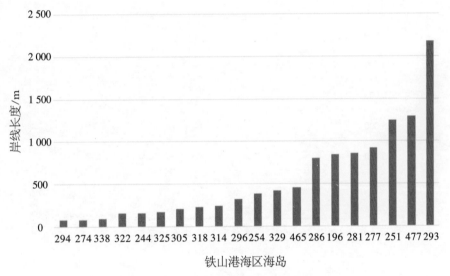

图6-10　铁山港海区海岛岸线长度变化特征

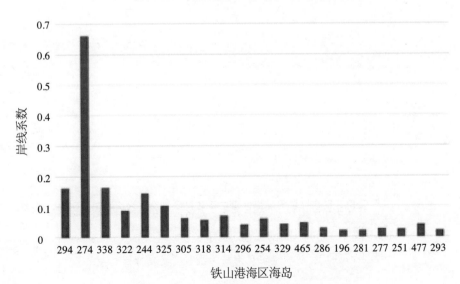

图6-11　铁山港海区海岛岸线系数变化特征

5 000 m，仅将军山、卧狮墩岛、双墩岛和蝴蝶岭岛岸线介于 5 000 ~ 30 000 m，相应超过5 000 m 的海岸线系数则除蝴蝶岭外，其他均小于 0.01。总体而言，防城港海区海岛的海岸线长度变化不大，海岛的岸线长度相差较小，和其他各海区的海岛岸线长度类似，即岸线长度小，海岸线系数大，但涉及海岛本身的面积和长度都小，从而海岸线系数就不能真正反映该海区海岛的岸线利用程度。如从可持续进程的研究来看，需要构建多种指标才能反映广西海岛不同区域的可持续发展程度。

　　此外，珍珠港海区的岸线长度都小于 1 000 m，且大多为未开发的海岛，故就不多叙述。

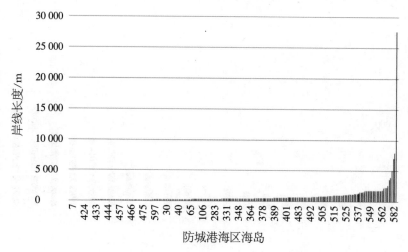

图6-12　防城港海区海岛岸线长度变化特征

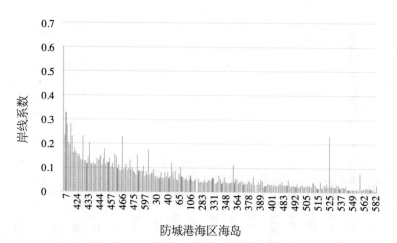

图6-13　防城港海区海岛岸线长度变化特征

第7章 广西海岛易损性的台风灾害分析

统计数据表明，广西海岸带的台风灾害有上升趋势，涠洲岛、斜阳岛、龙门岛等海岛的灾损呈现增加趋势，台风灾害已经成为海岛发展的重要制约因素。基于此，本章亦单列分析台风灾害指标对海岛的影响。

7.1 海岛及其灾害研究意义

海岛是维护海洋生态平衡、壮大海洋经济和保障国家安全的重要平台。在全球变化、自然灾害和当前剧烈人类活动等共同作用下，处于海陆相互作用的动力敏感地带的海岛，敏感性强，稳定性差，其生态环境存在诸多风险因素，海岛易损性越来越受到学者关注。台风是世界沿海地区经常遭受的最严重自然灾害之一，也是威胁海岛生态、经济安全的重要因素。台风对海岛的海岸侵蚀、植被破坏、洪涝等生态造成不同程度破坏，并对海岛居民的生产生活带来巨大损失。据统计，1985—2006 年影响我国的台风造成受灾面积 $7\,325.915 \times 10^{4}\ hm^{2}$，死亡 10 783 人，受伤 193 829 人，倒塌房屋 1 079.26 万间，受损房屋 2 212.4 万间，直接经济损失 6 200.13 亿元。

北部湾海岛属于热带、亚热带岛屿，具有面积小、分布集中、脆弱性强等特点。尽管北部湾似乎是天然台风的屏障，但形势不容乐观，迫切需要加快加强对该地区台风侵袭海岛的研究。尤其是北部湾还与东盟（特别是越南）接壤，认识台风对海岛的影响规律，对今后的战争和权益之争有莫大的帮助。

7.2 北部湾海岛台风灾害

全球气候变化背景下，北部湾北部面临更多的台风，广西北部湾海岛易受到台风灾害。中国天气台风网和中国气象灾害大典等资料显示，1949—2013 年影响广西北部湾的台风有频率增加、强度增强的特点（图7-1）。本文所指台风数，是台风中心进入广西沿海或内陆对广西造成影响较大，并造成不同程度的气象灾害的台风个数。

1994 年、1995 年、2011 年、2012 年和 2013 年均超过 5 个，2013 年是百年来影响台风数最高的年份，影响台风数高达 10 个，它们分别是："贝碧嘉""温比亚""飞

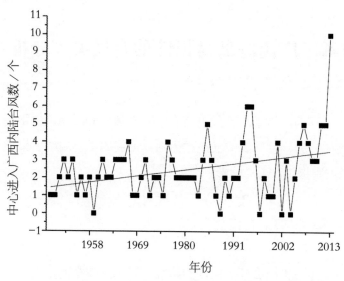

图7-1 1949—2013年影响北部湾北部的台风数

燕""山竹""尤特""天兔""蝴蝶""百合""罗莎"和"海燕"台风。被誉为新中国成立以来最强台风的第 30 号台风"海燕"对广西北部湾影响巨大。它于 2013 年 11 日 11 日 9 时进入广西区境内。菲律宾和我国海南、广西等地市民生活受到严重影响,农林牧渔业损失惨重。广西共有 148.14 万人受灾,死亡 2 人,直接经济损失 5.98 亿元。据统计,1985—2006 年影响广西的台风造成受灾面积 467.692×10^4 hm²,死亡 684 人,受伤 17 354 人,倒塌房屋 74.37 万间,受损房屋 271.29 万间,直接经济损失 417.47 亿元。涠洲岛是受影响的典型区域之一,影响的台风及其灾害见表7-1。

表7-1 涠洲岛台风灾害统计

时间	台风	灾害
2003年	"科罗旺"	12级以上大风,极大风力53.1 m/s
2005年7月	第8号热带风暴	阵风9级
2005年9月26—27日	第18号台风"达维"	阵风10级
2006年7月16—17日	第4号强热带风暴"碧利斯"	阵风9级
2006年7月28—29日	第5号台风"格美"	特大暴雨,降水量达220.4 mm
2006年8月3—6日	第6号台风"派比安"	特大暴雨和阵风9级
2007年7月5—6日	第3号台风"桃芝"	风速达到34.3 m/s

续表

时间	台风	灾害
2007年10月初	第15号台风	8级大风
2008年9月24—26日	第14号台风"黑格比"	10级大风，降雨253.7 mL
2010年	1号台风"康森"	—
2010年4月	10号热带风暴	—
2011年10月	"纳沙"台风、"尼格"热带风暴和南下强冷气流	—
2012年8月	13号台风"启德"	
2013年	5号台风"贝碧嘉"	海域连续出现8级大浪
2013年8月	11号台风"尤特"	—
2014年7月	9号台风"威马逊"	海域出现16级大风

注："—"表示数据缺失。

根据《中国气象灾害大典（广西卷）》《广西海洋环境质量公报》等资料记载，1950—2012 年，影响广西北部湾台风灾害社会经济损失情况：倒塌房屋共 77 万多间，农作物受灾面积 $45.6 \times 104 \text{ hm}^2$，超过 197 万人受灾，6 361 人受伤，死亡 1 438 人（含失踪），经济损失超过 603 亿元。

7.3　海岛易损性的含义

不同领域对于易损性概念的界定不尽相同，国际减灾战略（UN/ISDR）认为易损性是由自然、经济、社会、环境共同决定的，是使社区面临灾害时更加敏感的因素；易损性是指事物容易受到伤害或损伤的程度，它反映特定条件下事物的脆弱性。我们认为，海岛易损性是指海岛容易受到人类活动和自然灾害等因素影响而受到损伤、损失的程度。

7.4　海岛易损性评估方法

国内外关于海岛灾害易损性的文献不多，海岛易损性评估方法尚未成熟，本项目尝试基于 ArcGIS 和 MATLAB 技术，采用时空分析、关联分析和数值模拟等方法，揭示台风灾害与海岛易损性的关系。

7.5 评估数据

本项目收集和整理上海台风研究所提供的 1950—2013 年影响广西北部湾台风的路径、中心气压和风速数据，参考了《中国气象灾害大典（广西卷）》《全国海域海岛地名普查数据集（上中下册）》《广西壮族自治区海岛保护规划（2011—2020）》《广西边远海岛开发与保护总体战略与规划研究实施方案》《北海涠洲岛—斜阳岛珊瑚礁自然保护区总体规划》《广西海岛志》《涠洲岛志》《广西海岛资源综合调查报告》《北海涠洲岛—斜阳岛珊瑚礁自然保护区综合考察报告》等海岛受灾资料，对台风灾害和海岛的易损性特征进行研究，为热带、亚热带海岛的可持续发展提供科学决策依据。

7.6 评估结果

（1）影响广西海岛的过境台风次数有逐年递增的趋势（图7-2），影响概率为0.59。1951—2012 年共有台风 152 次，其中对所选研究区域有影响的台风共 90 次，即台风对广西海岛产生影响的概率为：$P=90/150=0.59$。

（2）影响广西海岛台风以弱台风为主，强台风中以台风为主。我们将影响广西海岛台风类型划分为热带低压（TD）、热带风暴（TS）、强热带风暴（STS）、台风（TY）、强台风（STY）、超强台风（SuperTY）六类，前三类为弱台风，后三类为强台风，见表7-3。据统计，热带低压（TD）占台风总数的 44%，热带风暴（TS）占

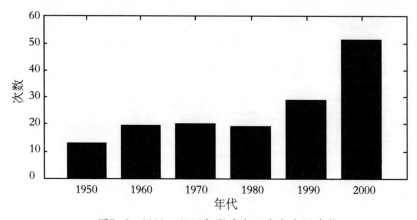

图7-2 1951—2012年影响广西海岛台风次数

23%，强热带风暴（STS）占 27%，台风（TY）占 6%。见表7-2和图7-3。

表7-2　影响广西海岛台风类型

	台风类型	底层中心附近最大平均风速/（m·s^{-1}）	风级/级
	热带低压（TD）	10.8～17.1	6～7
弱台风	热带风暴（TS）	17.2～24.4	8～9
	强热带风暴（STS）	24.5～32.6	10～11
	台风（TY）	32.7～41.4	12～13
强台风	强台风（STY）	41.5～50.9	14～15
	超强台风（SuperTY）	≥51.0	≥16

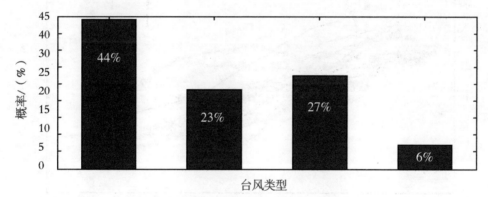

图7-3　影响广西海岛台风类型及其概率

（3）影响北部湾海岛的台风路径似乎具有准十年的振荡趋势，台风的主要路径包括：西北向、北向、西向，以西北向为主（图7-4至图7-9）。

（4）由于雷州半岛和海南岛的消能作用，随着时间的推移，台风自北部湾外海水域—湾口—北部湾北部，台风往往发展为热带低压-超级台风-热带低压，即台风对区域的影响具有弱-强-弱的变化趋势（图7-4至图7-9）。

（5）台风对北部湾海岛的影响具有明显的地域界限，即 20m 等深线以深水域海岛的影响较 20 m 等深线以内影响较强（图7-10）。

（6）台风的影响在很大程度可由水域 5—9 月的波浪变化表征，波浪模拟结果显示，受台风灾害影响的海岛易损区为涠洲岛、斜阳岛、钦州湾外湾、大风江口、南流江口等区域。

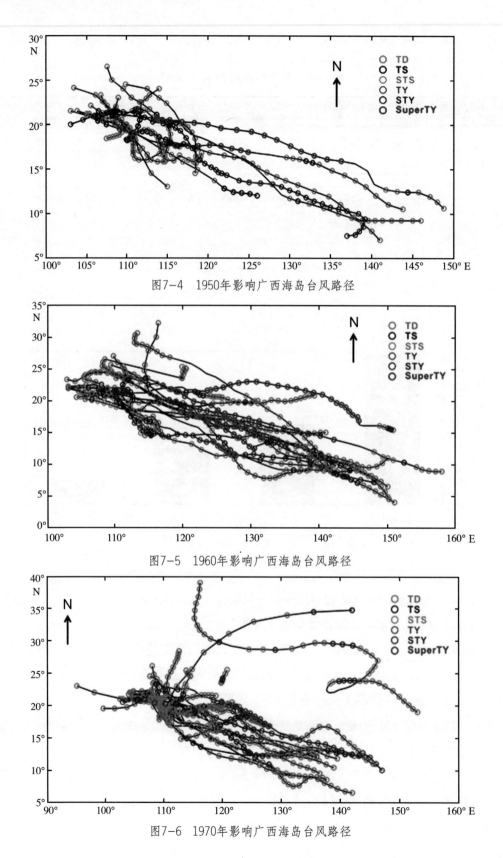

图7-4 1950年影响广西海岛台风路径

图7-5 1960年影响广西海岛台风路径

图7-6 1970年影响广西海岛台风路径

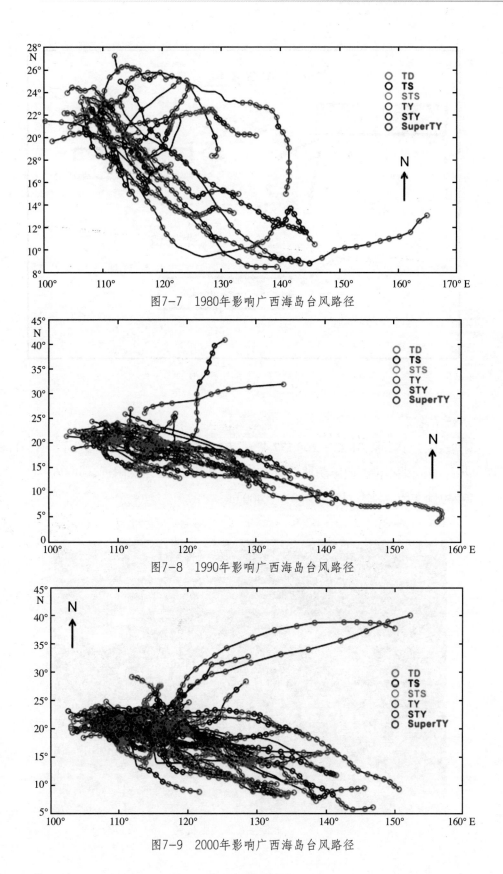

图7-7　1980年影响广西海岛台风路径

图7-8　1990年影响广西海岛台风路径

图7-9　2000年影响广西海岛台风路径

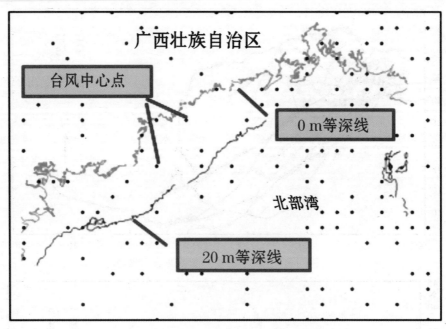

图7-10　北部湾 0 m等深线和 20 m等深线

1）研究范围

模型范围介于 108.201 2°—109.177 4° E、21.244 9°—22.016 3° N 之间（图7-11和图7-12），东起北海港，西至防城港湾，向海延伸至 25 m 水深附近，共 263 行、210 列、55 230 个单元，网格间距为 400 m×400 m。

图7-11　波浪传播数值模拟研究区域

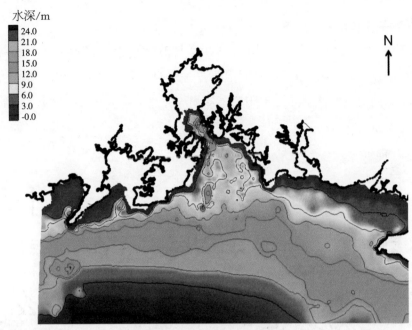

图7-12　研究区水下地形图

2）研究方法

根据《广西海岛两代表站波浪统计特征表》中提供的涠洲岛和白龙尾两测波站的波浪统计资料，选取涠洲岛波浪数据为模型提供计算边界（表7-3），计算每个月份最多浪向的波浪向岸传播的过程。

表7-3　涠洲岛站波浪统计特征

特征值	平均波高/m	平均周期/s	最多风浪浪向	最多风浪频率/（%）
1月	0.5	2.7	NNE	24
2月	0.5	2.8	NNE	21
3月	0.4	2.9	NNE	16
4月	0.4	3	NE	10
5月	0.5	3.2	SE	12
6月	0.8	3.7	SSW	20
7月	1	4	SSW	29
8月	0.7	3.4	SSW	18
9月	0.5	2.7	NE	11
10月	0.5	2.9	NNE	17
11月	0.5	2.8	NNE	21
12月	0.5	2.8	NNE	20

3）数值模拟结果

以下 5—9 月的波向与波高表明，5 月主要波向是 SE（图7-13），6—8 月主要波向 SSW（图7-14至图7-16），9 月主要波向是 SE（图7-17）。综合情况来看，在北部湾北部广西海岛的涠洲岛、斜阳岛、钦州湾外湾、南流江口等区域是受台风灾害影响的海岛易损区（图7-18）。

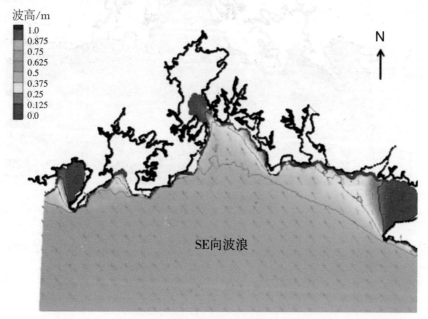

图7-13　模拟计算5月波向与波高

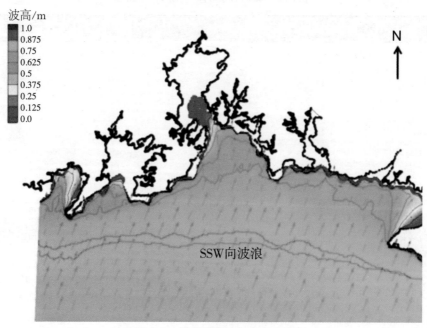

图7-14　模拟计算6月波向与波高

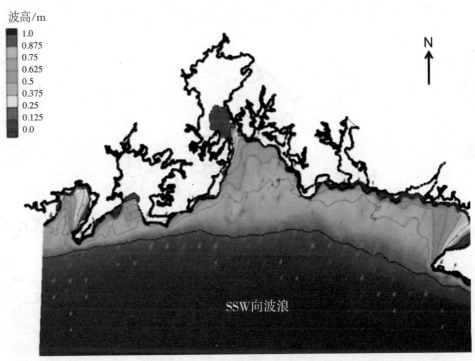

图7-15　模拟计算7月波向与波高

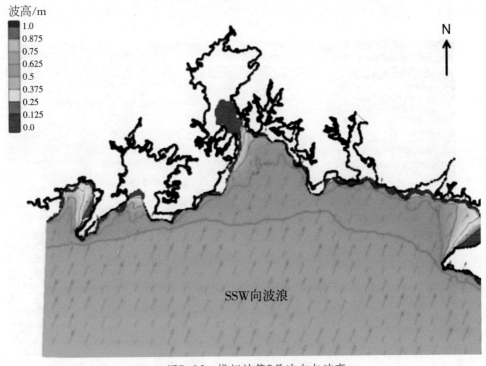

图7-16　模拟计算8月波向与波高

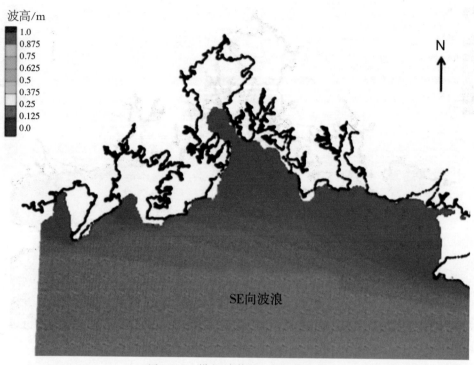

图7-17　模拟计算9月波向与波高

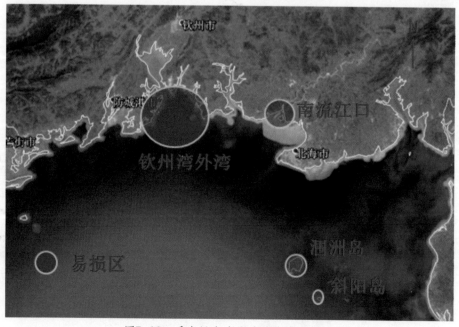

图7-18　受台风灾害影响的海岛易损区

此外，因台风的影响，海岛台风灾害损失有逐年增加趋势。据不完全统计，广西北部湾风暴潮共造成至少 78 人死亡，直接经济损失至少 73.49 亿元，20 多年来年均直接经济损失呈增加趋势（图7-19）。

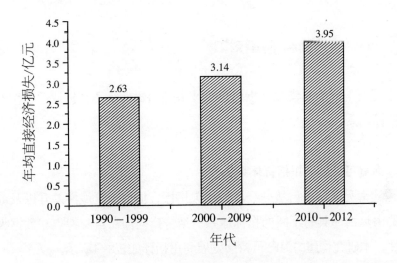

图7-19　1990—2012 年广西北部湾风暴潮导致的年均直接经济损失

第8章 广西典型海岛资源可持续利用模式

8.1 海岛可持续利用指标构建

基于上述北部湾海岛概况、指标分析及海岛的属性特征，构建适合广西海岛的可持续利用指标体系。

8.1.1 海岛可持续利用指标体系构建

前已论述海岛人口—自然—经济的相关指标，但由于区域性差异以及海岛自身特点，不同的海域海岛具有不同的指标体系。结合广西海岛自身特点和数据收集的科学性和可行性，本研究构建的海岛可持续发展利用指标如表8-1所示。

表8-1 广西海岛可持续利用指标体系

一级指标	二级指标	指标描述
状态	最高点高程	最高点高程可反映海岛的避风能力和可风力发电的可行性
	岸线长度	表征海岛岸线的利用、可容纳娱乐的游客、建港能力等
	近陆距离	主要反映了一个海岛距离邻近大陆的程度，距离越远，反映了海岛受人类活动影响相对较弱，生态环境得到保护
压力	常住人口	有常住人口往往也成为海岛国际争端的重要指标。常住人口的多少则在很大程度上决定了广西水域海岛的开发强度和价值
	三通一平	决定海岛发展可能与否的重要指标
	植被覆盖	植被覆盖的种类在此表征海岛的绿化程度、海岛生态体系的自动调节能力以及抵抗外在环境压力的强度
压力	海岛面积	衡量海岛是否在人口—经济—资源可持续发展的重要指标
响应	海岛紧凑度	海岛紧凑度为 $C_i = 2sqrt（3.141\,5*A）/P$，其中 C_i 为紧凑度，A 为海岛面积，P 为周长。紧凑度可便于衡量不同形状的海岛比较
	海岸线系数	海岸系数计算公式为 $S = P/A$，以岸线长和面积比表示海岛的边界效应大
	交通便利度	为岸线/近陆距离，实质上，岸线越长，而近陆距离越小，表征了海岛越容易开发，该指标隐含了海岛的本身优势以及与大陆距离远近的信息
	海岛剥蚀能力	海岛剥蚀能力的计算为最高点/周长，当最高点越大而周长越小，表征在海岛空间范围较小的情景下，随着最高点的增大，海岛在外在剪切应力下，岩石容易剥离山体而崩塌

8.1.2 指标描述

1）植被覆盖

与别的海岛而言，广西水域海岛的植被覆盖结构单一，有原始的植被，亦有次生的林木。总体而言，海岛植被可归纳为草丛、乔木和灌木三大类。由于广西海岛的面积普遍较小，而一般具有灌木或者乔木的海岛为了生态环境保护起见，开发难度较大，具有草丛的海岛则相对适合栖息、野营和娱乐等。三种类型都有的海岛则在很大程度上表明海岛的自然生态体系较为成熟，至少不是单一结构的脆弱系统，而往往具有多植被的海岛抵抗外来环境压力的能力也越大，反之，越容易得到开发。具有单一结构植被尤其如乔木、灌木的海岛在经受外在环境的压力后，一旦破坏，很难恢复。因此，植被覆盖的种类在此表征海岛的绿化程度、海岛生态体系的自动调节能力以及抵抗外在环境压力的强度，为定量化处理，在此将植被覆盖统一归一化为 0~1，其中没有任何植被覆盖的海岛，植被覆盖率定义为 0（为便于数值处理，设置为 0.01）；分别具有乔木和灌木的海岛，植被覆盖为 0.25，同时具备乔木和灌木的为 0.5，而单独具有草丛的海岛为 0.5，具有包括草丛和任一乔木和灌木的为 0.75，同时具备三种植被的设置为 1。

2）三通一平

三通一平一般是指施工现场通水、通电、通路和场地平整，尽管目前也有人提到四通，即通信。对于广西海域海岛而言，除涠洲岛海区海岛离陆较远外，其他都在近岸，但当前的电信信号都已经覆盖近岸水域海岛。值得提及的是，三通一平对于广西海岛而言，属于基础性的设施，要想引得好凤凰，必须种有金梧桐。海岛需要发展，需要资源与环境可持续利用一体化，基础设施就必须先行，因此，三通一平自然也是决定海岛发展可能与否的重要指标。类似的，将三通一平都具备的海岛归一化为 1，没有三通一平的设置为 0（便于数值处理，设置为 0.01），而具备三通一平的任一指标归一化为 0.25。具备其中二者的为 0.5，具备其中三者的为 0.75。

3）常住人口

海岛既然要发展，是否有常住人口是海岛的先决条件。事实上，有常住人口往往也成为海岛国际争端的重要指标。常住人口的存在，就能为开发海岛或者海岛是否可宜人居住提供了可能和证据，常住人口的多少则在很大程度决定了广西水域海岛的开发强度和价值。在此，将常住人口归一化处理，即：0.01（无常住人口），0.25（1~1 000 人），0.5（1 000~5 000 人），0.75（5 000~10 000 人）和 1（10 000 人以上）。

4）近陆距离

近陆距离前已谈及，主要反映了一个海岛距离邻近大陆的程度，距离越远，反映了海岛受人类活动影响相对较弱，生态环境得到保护。但反过来，海岛的可能开发程度亦较弱。故近陆距离在交通或运输上表征了海岛可开发能力和环境受影响的程度。

5）岸线长度

岸线长度表征海岛岸线的利用、可容纳娱乐的游客、建港能力等。故将其列入主要指标。

6）最高点高程

前以论及，最高点高程可反映海岛的避风能力和风力发电的可行性。

7）海岛面积

海岛面积无疑也是衡量海岛是否在人口—经济—资源可持续发展的重要指标，海岛面积直接控制了海岛的环境容量、旅游承受以及其他道路等基础设施。

8）紧凑度

海岛紧凑度为 $C_r=2sqrt（3.141\ 5\times A）/P$，其中 C_r 为紧凑度，A 为海岛面积，P 为周长。紧凑度可便于衡量不同形状的海岛比较。当为圆形时，海岛紧凑度为1。圆形的海岛便于规划，并减少边缘效应，海岛的保护区最佳形状是圆形（张耀光，2012）。当然，狭长的保护区可以包含更为复杂的生境和植被类型。因此，紧凑度作为海岛保护区、海岛交通规划的指标，其值越小，则生境保护和规划的难度越大。

9）海岸线系数

海岸线系数计算公式为 $S=P/A$，以岸线长和面积比表示海岛的边界效应。如果两个海岛，其面积接近，但海岸线长度不一，则海岸线系数有大小。海岸曲折与港湾有关，海岸线系数越大越容易建港。海岸线系数小则岸线趋于平直，不利于港口建设。

10）交通便利度

这类似于近陆距离，但又区别于该指标，它为岸线／近陆距离，实质上，岸线越长，而近陆距离越小，表征了海岛越容易开发，该指标隐含了海岛的本身优势以及与陆距离远近的信息。在一定程度上又优于但区别于近陆距离

11）海岛剥蚀能力（剥蚀度）

海岛剥蚀能力的计算为最高点／周长，当最高点越大而周长越小，表征在海岛空间范围较小的情景下，随着最高点的增大，海岛在外在剪切应力下，岩石容易剥离山体而崩塌。由于广西水域海岛处于南亚热带地区，风和季风带来的降雨作用强烈，海岛的风化和剥蚀能力相对较大，海岛剥蚀能力是通过计算自身高程和周长的比而得，故反映了海岛自身可能的侵蚀能力。剥蚀能力越大，反映了依附或在海岛上的建筑容

易崩塌或者受损，在某种程度亦反映了海岛的可开发强度。

此外，海岛的属性如基岩岛、沙泥岛亦因开发性质不同而应有所区别，由于广西水域七大海区的海岛基本是同一类型，譬如涠洲岛海区的海岛为基岩岛，钦州湾海区绝大多数为沙泥岛，大风江河口湾海区为基岩岛，南流江口海区除更围楼岛为基岩岛，其他都为沙泥岛，铁山港海区为沙泥岛，防城港和珍珠港基本为基岩岛。因此，当研究广西水域的海岛可持续发展状态进程时，可根据七大海区整体的发展状态单独进行研究，故海岛属性指标则不需深层次讨论。但必须指出，在当前全球变暖、海平面上升的情况下，沙泥岛的开发和规划必须考虑海岸可能面临侵蚀、海岛面积缩小的可能。

海岛邻近海区的生化指标则在一定程度反映了海岛周边水域的水质，周边可否适宜养殖，等等。限于数据收集的困难，在此就不予讨论。

8.2　典型海岛可持续利用评估

建立可持续利用指标体系之后，通过经验正交函数分析法等方法构建符合北部湾海域海岛实际的评估模型。主要是整合广西北部湾七大功能海区海岛，对其进行可持续性定量模型构建和分类，并提出海岛可持续发展建议。

8.2.1　主成分分析及其在海岛可持续定量评估的应用

经验正交函数分析法（Empirical Orthogonal Function，EOF），也称特征向量分析（Eigenvector Analysis），或者主成分分析（Principal Component Analysis，PCA），是一种分析矩阵数据中的结构特征，提取主要数据特征量的一种方法。

EOF 能够把随时间变化的变量场分解为不随时间变化的空间函数部分以及只依赖时间变化的时间函数部分。空间函数部分概括场的地域分布特点，而时间函数部分则是由场的空间点的变量线性组合所构成，称为主要分量。这些分量的头几个占有原场内空间点所有变量的总方差的很大部分，这就相当于把原来场的主要信息浓缩在几个主要分量上，因而研究主要分量随时间变化的规律就可以代替场的时间变化研究，且可以通过这一分析得出的结果来解释场的物理变化特征。它的优点在于典型场由变量场序列本身的特征来确定，而不是事先人为规定，因而能较好地反映出场的基本结构。这种方法展开收敛速度快，很容易将大量资料信息浓缩集中。在大气、海洋、生态等方面都有很广泛的应用。地学数据分析中通常特征向量对应的是空间样本，所以也称空间特征向量或者空间模式；主成分对应的是时间变化，也称时间系数。其原理与算法：

（1）选定要分析的数据，进行数据预处理，通常处理成距平的形式，得到一个数据矩阵 $X_{m \times n}$。

（2）计算 X 与其转置矩阵 X^T 的交叉积，得到方阵 $C_{m \times m} = X \times X^T$，如果 X 是已经处理成了距平的话，则 C 称为协方差阵；如果 X 已经标准化（即 C 中每行数据的平均值为 0，标准差为 1），则 C 称为相关系数阵。

（3）计算方阵 C 的特征根和特征向量 $V_{m \times m}$：二者满足 $C_{m \times m} V_{m \times m} = V_{m \times m} \times \wedge_{m \times m}$，其中 $\wedge$ 是 m×m 维对角阵，一般将特征根，按从大到小顺序排列，即，1 >，2 >：：：>，m。因为数据 X 是真实的观测值，所以，应该大于或者等于 0。每个非 0 的特征根对应一列特征向量值，也称 EOF。如，γ_1 对应的特征向量值称第一个 EOF 模式，也就是 V 的第一列即 $EOF_1 = V(:, 1)$。

（4）计算主成分：将 EOF 投影到原始资料矩阵 X 上，就得到所有空间特征向量对应的时间系数（即主成分），即 $PC_{m \times n} = V^T_{m \times m} \times X_{m \times n}$，其中 PC 中每行数据就是对应每个特征向量的时间系数。第一行 $PC(1, :)$ 就是第一个 EOF 的时间系数，其他类推。上面是对数据矩阵 X 进行计算得到的 EOF 和主成分（PC），因此利用 EOF 和 PC 也可以完全恢复原来的数据矩阵 X，即 $X = EOF \times PC$，有时可以用前面最突出的几个 EOF 模式就可以拟合出矩阵 X 的主要特征。此外，EOF 和 PC 都具有正交性的特点，可以证明 $PC \times PC^T = \wedge$；即不同的 PC 之间相关为 0。$E \times E^T = I$。I 为对角单位矩阵，即对角线上值为 1，其他元素都为 0。这表明各个模式之间相关为 0，是独立的。

（5）显著性检验：即使是随机数或者虚假数据，放在一起进行 EOF 分析，也可以将其分解成一系列的空间特征向量和主成分。因此，实际资料分析中得到的空间模式是否是随机的，需要进行统计检验。North 等（1982）的研究指出，在 95% 置信度水平下的特征根的误差：

$$\Delta\lambda = \lambda\sqrt{\frac{2}{N^*}}$$

λ 是特征根，N^* 是数据的有效自由度，将 λ 按顺序依次检查，标上误差范围。如果前后两个之间误差范围有重叠，那么它们之间没有显著差别，则不用再继续考虑值更小的特征根及对应模式。因此对于海岛的可持续发展模型来说，示意图如8-1所示：

海岛名字	1	2	3	4	……
变量 1					
变量 2					
……					
变量 N					

图8-1　每个海岛经过主成分提取后的资料矩阵

8.2.2　七大海区海岛可持续性定量评估模型构及其分类

基于以上方法介绍，将七大海区的海岛可持续性进行主成分定量评估模型分析，主要步骤包括：

（1）对每个海区的海岛区分为开发海岛和未开发海岛，由于广西水域的海岛大部分已处于开发状态，而未开发的海岛为避免进一步受人类活动干扰，建议予以保护，这里主要分析处于开发海岛的可持续进程；

（2）对每个海区的海岛 11 个指标进行归一化处理，以保证指标无量纲化；

（3）对 11 个指标的海区海岛进行主成分构建模型，计算反映海区海岛可持续进程的主成分向量和得分；

（4）计算贡献率大于 75% 的作为主成分数量的确定标准；

（5）提出表征海岛可持续进程的模式，并对海区海岛可持续进行分类。

8.2.3　七大海区海岛可持续进程状态模式及其可持续发展建议

由于涠洲岛—斜阳岛海区为广西著名的旅游景点，在七大海区中，该海区海岛的城市化发展进展无论从人居环境、旅游交通设施、管理和经济等各方面，其可持续进程是完全领先于其他六大海区的海岛发展。故不再分析其可持续进程。同时，廉州湾南流江河口海岛和铁山港海区海岛地理位置毗邻，且海岛基本为沙泥岛，故在评估海岛的可持续进程时，将这两个海区的海岛归为一类进行评价。此外，对于珍珠港海区，其海区的 37 个海岛有 23 个处于未开发状态，37 个海岛均无常住人口，与其他海区人口—自然—经济一体化而言，很难进行统筹比较。故未对其进行海岛可持续进程的评估。因此，七大海区海岛可持续进程的定量评估实际涉及钦州湾海区、大风江河口湾海区、廉州湾南流江河口与铁山港海区以及防城港海区。

1）钦州湾海区海岛

基于主成分模型构建计算钦州湾已开发的 152 个海岛可持续进程，由于前 4 个主成分贡献率约占整个海区海岛的 79%，因此，钦州湾海区的海岛可持续进程即可通过这4个模式反映（表8-2和图8-2）。

表8-2　钦州湾海区开发海岛可持续模型计算得分

序号	海岛标准名称	第一模式	第二模式	第三模式	第四模式
197	独木墩	0.089	1.262	5.516	7.413
313	线鸡尾岛	−0.212	0.498	3.310	2.698
276	福建山	−0.257	0.486	3.263	1.614
300	晒网岭	−0.145	0.422	3.233	1.913
279	长其岭	0.045	0.408	3.129	1.865
256	小涛岛	−1.382	0.348	2.184	−1.570
210	大亚公山	−1.000	0.307	2.177	−1.468
270	观音塘岛	−0.165	0.158	2.138	−0.002
214	大竹山	−0.672	0.159	2.131	−0.436
273	小龟墩	−1.214	0.331	2.075	−0.370
216	大米碎	−1.312	0.263	2.030	−1.670
264	狗双岭	−0.111	0.221	1.988	0.533
142	蚝蛎墩	−1.230	0.323	1.896	−1.240
192	榄墩	−1.399	0.257	1.877	−2.197
289	横头山	−0.314	0.209	1.805	−0.198
282	钦州独山	−0.526	0.115	1.752	−0.089
241	炮台角岛	−1.020	0.303	1.749	−1.494
250	鲨箔墩	−1.014	0.125	1.734	−0.702
285	葫芦嘴	−1.133	0.213	1.543	−1.764
265	龙门岛	15.349	−0.067	1.530	−1.645
272	白泥岭	−0.098	0.152	1.461	0.296
204	头坡仔	−1.133	0.252	1.453	−1.810
592	大三墩	−0.511	0.267	1.368	−0.132
243	细红沙岛	−0.881	0.254	1.336	−1.376
308	细山猪	−0.496	0.108	1.268	−0.203
194	二坡墩	−1.125	0.223	1.209	−1.903
174	三子沟后背岭	−0.643	−0.233	1.202	0.325

序号	海岛标准名称	第一模式	第二模式	第三模式	第四模式
302	观妹墩	−0.868	0.028	1.173	−0.719
295	小门墩	−0.857	0.153	1.131	−0.273
306	高山	0.269	0.147	1.103	0.677
141	龙门槟榔墩	−1.083	0.266	0.981	−1.624
172	四坡墩	−0.887	0.203	0.919	−1.690
301	大山猪	−0.788	0.020	0.859	−0.713
134	水门山	−1.036	0.209	0.840	−1.187
259	环水坳岛	−0.888	0.201	0.811	−1.430
266	大山角岛	−0.488	0.099	0.783	−0.270
271	大红沙岛	−0.384	0.159	0.764	−0.379
4	沙井岛	11.061	−0.024	0.722	−1.776
299	簕沟墩	3.304	−0.101	0.686	−0.296
203	独墩仔	−0.419	0.168	0.632	0.542
152	黄姜山	−0.870	0.230	0.595	−1.231
304	深泾蛇山	−0.376	0.023	0.576	−0.071
310	深泾独山岛	−0.611	−0.015	0.558	−0.590
262	西村岛	10.128	−0.056	0.554	−0.151
207	鬼打角岛	−0.681	0.217	0.507	−1.370
445	青菜头岛	0.066	0.086	0.506	1.273
599	乌雷炮台	−0.117	0.186	0.452	0.599
297	西茅丝墩	−0.568	0.058	0.395	0.137
327	南炮仗墩岛	0.154	0.174	0.360	1.158
307	长墩	−0.306	0.056	0.354	0.461
139	黄竹墩	−1.007	0.101	0.354	−1.361
167	狗仔岭	−0.970	0.223	0.313	−1.252
86	沙子墩	−0.217	0.197	0.257	0.099
69	虾岭	−0.522	0.085	0.180	−0.780
290	狗地嘴岛	−0.499	0.013	0.173	−0.271

序号	海岛标准名称	第一模式	第二模式	第三模式	第四模式
288	面前山	−0.640	−0.001	0.170	−0.403
211	大胖山	0.038	0.023	0.156	0.365
158	利竹山	0.042	0.242	0.144	−0.267
84	蚝壳坪岛	0.068	0.079	0.127	0.154
9	亚公角岛	0.107	0.177	0.124	0.928
184	湾顶岛	−0.773	0.248	0.084	−0.326
367	小果子岛	−0.268	0.383	0.066	1.681
90	杨梅墩	−0.345	0.162	0.059	−0.317
162	鱼尾岛	−0.860	0.184	0.035	−1.186
213	内湾岛	−0.574	0.321	0.034	−0.351
91	田口岭	0.281	0.026	0.027	0.660
176	螃蟹沟墩	−0.756	0.237	0.008	−0.519
278	大蚰蛇岛	−0.145	0.090	0.007	0.452
163	金鱼守盆岛	−0.808	0.175	−0.010	−1.349
102	白山洲	−0.473	0.297	−0.044	−0.096
332	烧灰墩	−0.634	0.003	−0.077	0.106
260	虎墩	−0.785	0.215	−0.084	−1.133
298	大门墩	−0.589	−0.007	−0.100	−0.284
103	白坟墩岛	−0.633	0.089	−0.123	−0.740
143	大双连岛	−0.801	0.166	−0.128	−0.998
79	大独泥	−0.401	0.108	−0.175	−0.447
189	湾内岛	−0.375	0.022	−0.226	0.176
121	大簕藤岛	−0.750	0.139	−0.251	−1.327
153	蜻蜓墩	−0.125	0.122	−0.307	0.951
253	小茅墩	−0.931	0.147	−0.313	−1.201
209	西榄岭岛	−0.638	0.236	−0.331	−0.669
171	耥耙墩岛	−0.389	−0.111	−0.339	−0.299
205	仙人井大岭	2.108	0.118	−0.373	1.378

续表

序号	海岛标准名称	第一模式	第二模式	第三模式	第四模式
150	漩水环	−0.155	0.050	−0.397	0.447
319	炮仗墩	0.179	0.122	−0.398	1.117
122	丹竹江岛	−0.723	0.142	−0.425	−0.974
77	孔雀山	−0.383	0.089	−0.442	−0.711
154	石块岛	−0.582	0.170	−0.468	−0.963
123	老鸦环岛	1.613	0.120	−0.498	1.446
130	鱼仔坪岭	−0.220	0.147	−0.512	0.045
105	过江埠岛	−0.230	0.077	−0.520	−0.760
157	黄泥沟岭	0.619	0.262	−0.524	0.112
476	麻蓝头岛	1.623	0.049	−0.537	0.441
341	小竹墩	−0.274	0.076	−0.570	1.094
99	孔脚潭岛	−0.482	−0.091	−0.597	−0.189
8	团和	7.341	−0.069	−0.603	−1.193
170	屋地岭	−0.484	0.019	−0.683	−0.924
334	石滩红墩	−0.045	0.085	−0.697	0.812
80	背风环岛	−0.411	−0.028	−0.712	0.126
144	榕木墩	−0.253	−0.010	−0.727	0.403
343	沙煲墩	−0.430	−0.048	−0.744	0.342
169	了哥巢岛	−0.320	0.037	−0.769	0.501
107	牙肉山	−0.384	0.163	−0.769	−0.185
601	大庙墩	0.143	−0.023	−0.797	1.223
137	烤火墩	−0.368	−0.025	−0.814	0.217
168	钦州大潭岭	−0.564	−0.037	−0.843	−1.086
354	下敖墩	−0.387	0.017	−0.845	0.102
161	牙沙仔岛	−0.311	0.028	−0.861	0.483
351	榕树墩	−0.394	0.025	−0.870	0.806
159	蚝仔墩	−0.414	−0.053	−0.894	−0.085
280	簕沟北墩岛	0.611	0.020	−0.903	1.692

续表

序号	海岛标准名称	第一模式	第二模式	第三模式	第四模式
149	鲤鱼仔岛	−0.297	0.033	−0.927	0.558
155	东沙坪岛	0.100	0.076	−0.930	1.241
138	沙牛卜岛	0.987	0.050	−0.985	1.138
111	蛇山	−0.333	0.145	−0.988	−0.124
156	南槟榔岛	0.292	0.087	−0.994	1.335
340	西黄竹墩	−0.296	0.009	−1.031	0.478
132	堪冲岭	0.360	0.007	−1.063	0.995
133	南坡墩岛	−0.559	0.127	−1.089	−0.995
15	鲨壳岛	−0.294	0.151	−1.122	0.165
369	海漆墩	−0.211	−0.012	−1.129	0.694
178	篱竹排岛	−0.011	−0.011	−1.144	0.368
104	长岭	0.185	0.027	−1.145	0.964
321	钦州黄竹岭	−0.547	0.118	−1.203	−0.451
326	黄鱼港红墩	−0.317	−0.032	−1.211	0.224
199	急水墩	−0.493	0.195	−1.215	−0.371
148	萝卜岛	0.603	0.005	−1.234	0.964
87	对面江岭	0.251	0.045	−1.248	0.976
191	螃蟹地	0.325	0.037	−1.261	0.942
147	摩沟岭	−0.391	0.162	−1.281	−0.751
6	打铁墩	0.156	0.033	−1.316	0.775
76	下埠潭墩岛	−0.213	−0.004	−1.339	1.013
23	钦州虾箩墩	−0.426	0.107	−1.360	−0.210
14	马鞍岭	0.090	0.008	−1.396	0.861
390	太公墩	−0.042	0.006	−1.409	0.832
261	仙岛	0.487	−0.088	−1.418	1.219
2	三墩	0.306	0.004	−1.427	0.658
245	背风墩	−0.617	0.152	−1.435	−0.728
5	挖沙墩	−0.008	−0.016	−1.467	0.628

续表

序号	海岛标准名称	第一模式	第二模式	第三模式	第四模式
198	大龙头	−0.548	0.149	−1.522	−0.659
165	细独墩	−0.427	0.080	−1.525	−0.651
422	落路大墩岛	0.644	−0.022	−1.567	0.541
3	大生鸡墩	0.215	−0.015	−1.592	0.604
28	葵子中间墩	−0.193	−0.084	−1.641	0.585
394	小鹿耳环岛	−0.137	−0.014	−1.663	0.654
404	鹿耳环岛	−0.121	−0.053	−1.672	0.644
56	湾内墩岛	−0.295	0.051	−1.689	−0.423
13	北鸡窑岛	−0.072	−0.045	−1.714	0.547
12	瓦窑墩	−0.116	−0.022	−1.744	0.568
160	屙屎墩	−0.160	−0.045	−1.768	0.522
25	芒箕墩	−0.174	−0.074	−1.768	0.494

　　一般而言，通过利用主成分模型计算区域可持续进程或抽取有关主要信息，往往是 2~3 个模式。钦州湾海区海岛的可持续进程由 4 个模式完成，说明海岛可持续进程的复杂和多样化。首先，第一模式（图8-2a）中常住人口、岸线长度、海岛面积和便利度得分超过 0.4 以上，是 11 个指标中相对得分最高的值。显然，常住人口的增加和海岛面积是相辅相成的，海岛面积越大则越可能吸引更多的人口，而海岛的交通便利度则在一定程度表明海岛可能的开发成本，海岛离大陆越近，成本开发越低，同时，岸线越长，可利用的价值就越高。简而言之，这 4 个指标合起来反映了在第一模式下的海岛可能处于相对其他海岛较好的开发进程。如表 8-2 所示，这主要包括沙井岛、团和、老鸦环岛、仙人井大龄、西村、龙门岛、箭沟墩、麻蓝头岛 8 个海岛（图8-3）。

　　第二模式占整个钦州湾海区海岛人口—自然—经济可持续进程的 18%（图8-2b），为钦州湾海岛人口—自然—经济可持续进程的第二主要反映。其中表征该模式的是近陆距离、海岸线系数和最高点高程与剥蚀度。前二者为正值，但不超过 0.1；相反，后二者为负值，均超过 0.7 。尽管该模式中，无常住人口，但鉴于这 4 个指标全面考虑，该模式在钦州湾海区海岛中实质可能反映了由于海岛最高点（山峰）不高，而剥蚀度较弱，总体相对较为平坦，便于规划，故交通条件有一定便利、海岸线利用尚可的状态下，海岛的可持续性进程次于第一类模式。属于次类模式海岛如附表8-4所

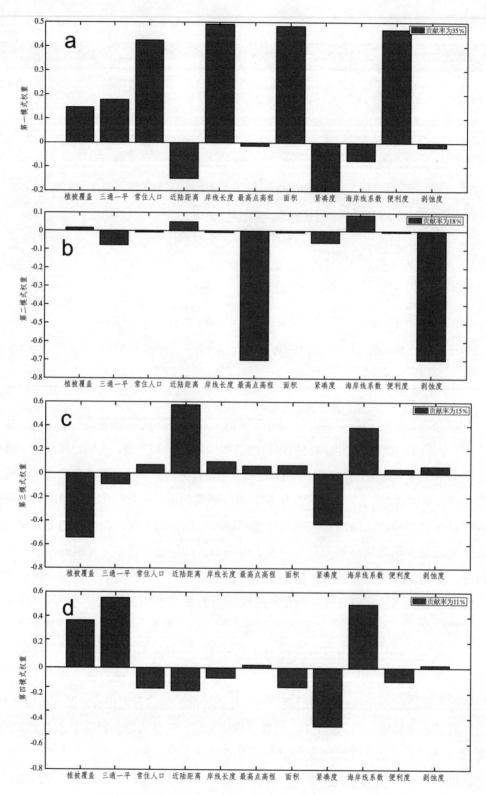

图8-2 钦州湾海区已开发海岛前 4 个主成分模式权重
（a. 第一模式；b. 第二模式；c. 第三模式；d. 第四模式）

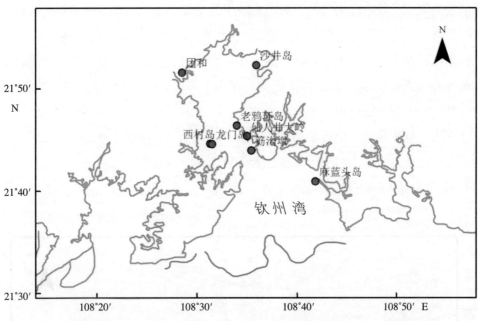

图8-3 钦州湾海区海岛人口—经济—资源可持续进程第一模式示意

示，主要包括：小涛岛、内湾岛、白山洲、黄泥沟岭、利竹山和沙子墩（图8-4）。

第三模式则占整个钦州湾海区海岛人口—自然—经济可持续进程的15%（图8-2c），其主要特征性指标为植被覆盖、近陆距离、紧凑度和海岸线系数。相对而言，植被覆盖和紧凑度为负的得分，这表明此类模式中的植被覆盖较为单一、生态系

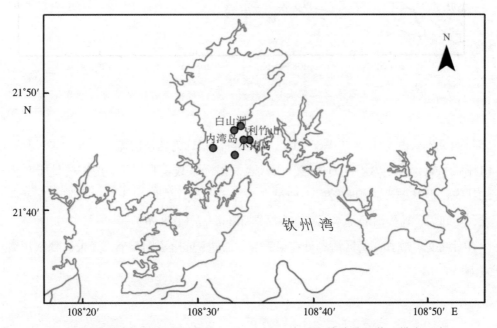

图8-4 钦州湾海区海岛人口—经济—资源可持续进程第二模式示意

统可能较为脆弱，紧凑度为负的得分则反映了此类海岛从规划和保护的视角来看，较难统一和协调计划与保护。类似的，近陆距离和海岸线系数的得分超过 0.4，这表明海岛的规划仍得益于其距离大陆较近，海岸线可供于渔业、港口以及养殖的空间较多，从而促使此类海岛得到开发。属于此类的海岛主要包括：线鸡尾岛、福建山、晒网岭、长其岭、大亚公山、观音塘岛、大竹山、小龟墩、大米碎、狗双岭、蚝蛎墩、榄墩、横头山、钦州独山、炮台角岛、鲎箔墩、白泥岭、头坡仔、大三墩、二坡墩、三子沟后背岭、观妹墩、小门墩、高山、大山猪、大山角岛、大红沙岛、独墩仔、深泾蛇山等 30 个海岛（图8-5）。

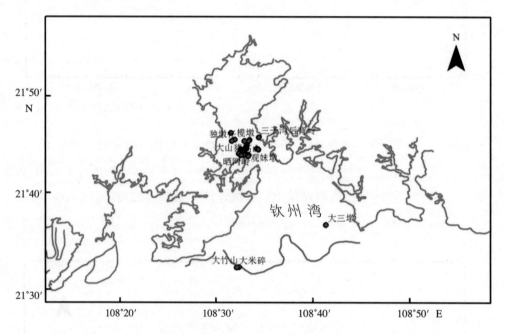

图8-5 钦州湾海区海岛人口—经济—资源可持续进程第三模式示意

第四类模式占了 11%（图8-2d），主要标注指标为植被覆盖、三通一平、紧凑度和海岸线系数，其中紧凑度为负值。由代表性指标系数表明，此类海岛尚处于较少开发的状态，但基础设施相对较好、植被亦较少受到破坏，海岸线系数表明海岛潜在的开发利用尚可，这类海岛基本涵盖该海区剩余的海岛（图8-6）。

由此可见，钦州湾海区海岛处在第一、第二进程的不到 15 个，尚未达到钦州湾已开发海岛的 10%。

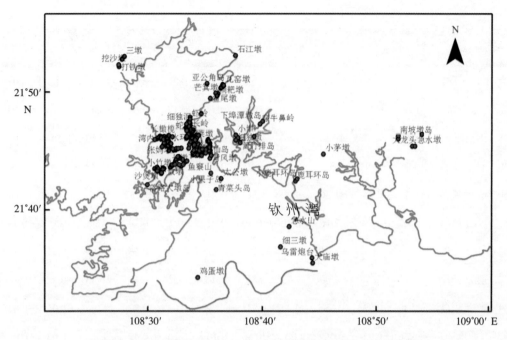

图8-6 钦州湾海区海岛人口—经济—资源可持续进程第四模式示意

2）大风江河口湾海区海岛

大风江河口湾海区已开发的海岛除大部分指标没有数据外，开发的海岛为54个，远小于钦州湾海区的海岛开发进程，这在很大程度表明该海区的海岛开发没有钦州湾海区海岛开发容易，换言之，应该落后于钦州湾海区的海岛开发。与此同时，54个海岛11个指标体系的主成分模型定量评价中前5个成分才占了85%以上，表明大风江河口湾海区已开发海岛可持续进程的多样性和复杂性（表8-3和图8-7）。

表8-3 大风江河口湾海区开发海岛可持续模型计算得分

序号	海岛标准名称	植被覆盖	三通一平	常住人口	近陆距离	岸线长度	最高点高程	海岛面积	海岛紧凑度	海岸线系数	交通便利度	海岛剥蚀能力
11	红薯岛	1.07	1.23	−0.06	−0.59	−0.82	−0.20	0.16	0.73	0.45	0.12	0.04
16	小番薯岛	−0.15	0.43	0.57	−0.03	0.12	−0.99	−0.49	0.24	−0.20	−0.09	0.01
19	桃心岛	−0.12	0.96	0.60	−0.39	0.09	−0.71	0.27	0.33	0.21	−0.04	−0.03
20	南坟岛	−1.61	0.49	1.31	3.03	0.21	0.24	0.75	−0.30	−0.34	0.00	0.02
22	大鸟岛	−0.94	0.10	0.78	−0.22	−0.35	−1.01	0.27	0.37	−0.21	0.10	−0.05
26	虾笼岛	1.01	−0.02	1.19	−0.92	−0.06	0.76	−0.16	0.15	−0.01	−0.20	−0.04
27	小鸟岛	−0.88	0.46	1.17	−0.16	0.42	−1.08	0.13	0.24	−0.26	−0.01	0.00

序号	海岛标准名称	植被覆盖	三通一平	常住人口	近陆距离	岸线长度	最高点高程	海岛面积	海岛紧凑度	海岸线系数	交通便利度	海岛剥蚀能力
44	四方岛	-1.42	-0.62	0.95	-1.08	1.00	0.92	0.26	-0.21	0.01	0.42	-0.01
45	黄皮墩	0.29	0.59	1.16	-0.41	-0.60	-0.62	0.17	0.64	-0.03	-0.16	-0.05
48	江顶墩	-0.93	-0.26	1.75	-0.68	1.06	0.11	-0.03	-0.31	-0.13	0.11	0.00
49	西黄皮墩	-1.77	-0.91	0.54	-0.95	-0.22	0.37	1.03	0.20	-0.37	0.74	0.03
50	东江顶岛	-0.18	0.24	-1.36	-0.29	1.58	0.24	-1.56	-0.57	0.30	0.06	0.09
51	中江顶岛	-0.62	-0.19	-2.16	-0.80	-0.50	0.94	-0.72	0.74	0.50	0.20	-0.13
52	东江旁岛	-2.95	-0.33	-2.01	-0.38	1.27	-0.38	0.68	0.25	-0.69	-0.41	0.16
53	西江旁岛	-2.71	-0.78	-2.00	-0.73	0.81	0.44	0.51	0.35	-0.45	-0.22	0.06
54	南江顶岛	-0.49	0.83	0.35	-0.24	0.41	-0.87	0.04	0.23	0.08	-0.06	-0.01
57	西风岛	-0.36	0.93	0.30	1.23	-0.36	0.10	0.23	0.42	0.19	-0.03	-0.06
59	招风墩	0.55	0.66	1.24	-0.18	0.29	-0.86	-0.08	0.17	-0.35	-0.34	-0.02
70	内道岛	-1.07	1.30	-1.67	0.92	-0.12	0.35	1.21	0.29	0.59	-0.17	-0.08
73	南内道岛	2.00	2.83	-0.49	-0.87	1.50	-0.58	1.54	-1.73	1.53	-0.14	0.13
85	江岔口岛	-0.94	0.65	0.32	1.58	0.48	-0.36	-0.21	-0.03	-0.14	-0.18	0.01
88	小夹子岛	-0.89	0.43	1.51	1.03	0.52	0.39	0.46	-0.17	0.00	0.01	-0.03
89	土地田岛	-2.32	-0.76	-0.32	-0.82	0.62	0.33	0.83	0.23	-0.56	0.44	0.11
93	西坡心岛	2.03	1.37	-0.50	-0.17	0.41	-0.51	-0.51	-0.05	-0.11	0.15	0.10
96	北坡心岛	-0.88	-0.31	1.48	0.91	0.44	0.91	-0.01	-0.40	-0.02	0.04	-0.05
97	拱形岛	-0.71	-0.79	1.23	0.09	-0.74	-1.68	0.10	-0.79	-0.25	-0.02	-0.01
101	北滨榔岛	-2.85	-1.91	-3.20	0.87	-1.01	0.87	1.20	-0.68	-0.23	-0.37	0.02
109	南土地田岛	-0.42	0.25	0.26	-0.41	0.31	-0.21	-0.43	0.22	0.08	0.04	-0.03
114	小东窑墩岛	0.95	1.63	0.04	-0.91	-0.71	-0.12	1.04	0.44	0.90	0.08	-0.01
117	坡墩	-0.07	-1.26	1.34	-0.20	-1.03	-0.95	-0.15	-1.02	-0.08	-0.10	-0.05
119	虾箩沟墩	1.62	1.59	-1.45	3.36	-1.42	0.55	-0.87	0.54	0.03	0.54	0.21
200	南丹江岛	-0.55	0.08	0.05	-0.57	1.22	0.26	-0.66	-0.38	0.23	0.02	0.01
206	西大坡墩岛	2.03	1.37	-0.50	-0.17	0.41	-0.51	-0.51	-0.05	-0.11	0.15	0.10

续表

序号	海岛标准名称	植被覆盖	三通一平	常住人口	近陆距离	岸线长度	最高点高程	海岛面积	海岛紧凑度	海岸线系数	交通便利度	海岛剥蚀能力
208	大坡墩岛	−0.87	−0.56	−1.86	−0.43	0.14	0.40	−1.25	0.04	0.31	−0.09	−0.10
219	西连岛	−1.30	−0.39	−2.17	−0.39	0.75	0.39	−1.27	0.09	0.25	−0.37	−0.10
248	北立岛	−0.88	−0.36	0.90	−0.70	0.50	0.30	−0.22	−0.01	0.01	0 16	−0.05
257	中立岛	−0.30	−1.07	0.09	−0.71	0.19	0.80	−1.08	−0.51	0.20	0.22	−0.04
323	小坪岭岛	−0.49	0.77	−0.16	1.75	0.72	−0.38	−0.75	−0.19	−0.16	−0.16	0.06
333	大坪岭岛	−0.19	0.95	−0.49	1.13	−0.95	0.37	0.17	0.77	0.35	0.12	−0.08
345	企壁墩	0.47	0.02	1.25	0.97	0.76	1.10	−0.30	−0.51	−0.25	−0.21	−0.06
350	捞离墩	1.51	−2.20	0.18	−0.33	−2.24	−0.24	−0.79	−1.63	0.07	0.13	0.04
352	对叉墩	1.99	0.00	1.08	−0.72	−1.17	0.37	0.01	0.58	−0.42	−0.49	0.03
358	割矛墩	2.66	−1.02	0.93	−1.40	−1.92	1.90	−0.09	0.39	−0.23	−0.40	0.26
403	港墩	−1.32	0.21	−0.11	−0.22	−0.14	−0.89	0.29	0.58	−0.24	0.05	−0.04
407	外水墩	1.36	−0.24	1.22	−1.57	−0.92	1.86	0.25	0.49	0.41	−0.14	0.02
414	尹东湾	−0.48	0.53	−0.22	−0.20	−0.28	−0.73	−0.28	0.63	0.04	0.01	−0.06
417	担丢潭墩	−2.01	−1.07	−0.14	−0.92	0.90	0.84	0.11	−0.15	−0.23	0.27	0.02
419	穿牛鼻墩	−0.04	−0.34	1.63	2.00	−0.22	2.67	0.20	−0.45	0.27	−0.09	−0.11
421	钦州圆墩	−0.05	0.05	0.62	0.08	−0.13	−1.19	−0.59	−0.07	−0.28	−0.10	0.02
435	千年墩	−0.01	−0.26	−0.61	0.15	−0.89	−1.19	−0.86	−0.20	0.03	0.05	0.00
440	鸡笼山	8.29	2.47	−2.50	−0.55	0.64	0.69	0.77	−0.71	−1.59	0.16	−0.18
373	掰叶墩	0.36	0.83	0.14	−0.27	−0.30	−0.60	−0.31	0.56	0.11	0.03	0.00
383	大鸡墩	−1.02	−1.74	−1.95	−0.12	−2.87	−1.41	0.77	−0.79	0.13	0.13	−0.08
384	龟头	6.58	−6.89	−0.28	1.57	2.20	−1.15	0.72	0.99	0.65	0.02	0.01

第一模式占海岛开发可持续进程的 35%（图8-7a），主要的贡献指标为常住人口、岸线长度、最高点高程、海岛面积、便利度、海岸线系数和紧凑度，其中后两者为负数。岸线长度和面积均超过 0.4，是 11 个指标中相对得分最高的值，岸线越长，面积越大，再加上很好的便利度，都极大有利于该海区海岛开发进程。但由于紧凑度和海岸线系数都是 −0.3 以下，说明该海区海岛较破碎，保护和规划的难度较大。属于该类型的海岛包括：鸡笼山、龟头、割矛墩、西坡心岛、西大坡墩岛、对叉墩、捞离

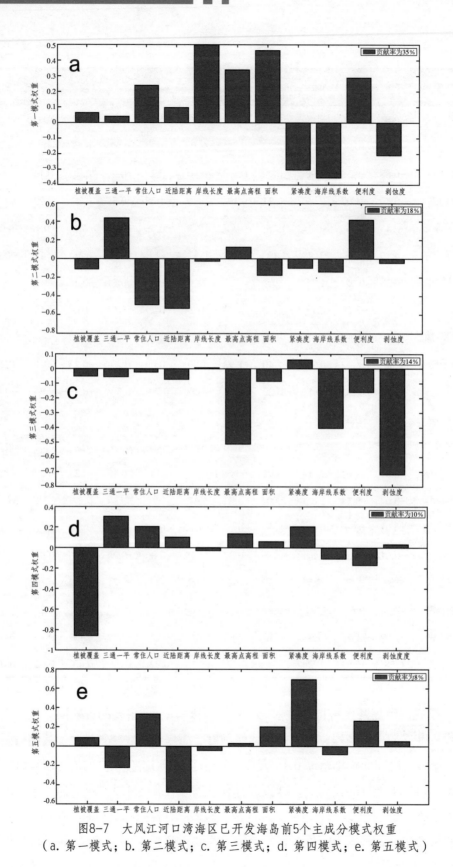

图8-7　大风江河口湾海区已开发海岛前5个主成分模式权重
（a. 第一模式；b. 第二模式；c. 第三模式；d. 第四模式；e. 第五模式）

墩和外水墩（图8-8）。

第二模式占海岛开发可持续进程的 18%（图8-7b），主要的贡献指标为三通一平、便利度、常住人口和近陆距离，其中后两者为负数。三通一平和便利度指标得分都在 0.4 左右，说明此模式下该海区海岛较平整且基础设施较好，但由于宜居程度不高等因素，在一定程度上影响了该海区海岛的开发进程。属于该类型的海岛包括南内道岛、小东窑墩岛、内道岛、红薯岛、桃心岛、南江顶岛、掰叶墩等（图8-9）。

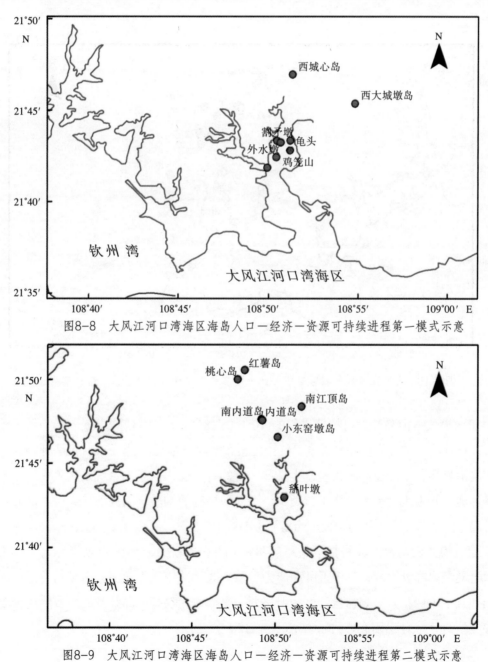

图8-8　大风江河口湾海区海岛人口－经济－资源可持续进程第一模式示意

图8-9　大风江河口湾海区海岛人口－经济－资源可持续进程第二模式示意

第三模式占海岛开发可持续进程的 14%（图8-7c），主要的贡献指标为最高点高程、海岸线系数、便利度和剥蚀度。岸线长度和紧凑度是正的，但得分不高，其余指标为负数，其中最小的为剥蚀度，最高点高程、海岸线系数分别次之。表明了此模式下该海区海岛最高点高程低，海岸容易受侵蚀，不利于港口建设。属于该类型的海岛包括江顶墩、小夹子岛、北坡心岛、坡墩、企壁墩、招风墩、拱形岛、虾笼岛、小鸟岛、黄皮墩、对叉墩、北立岛、大鸟岛、钦州圆墩、小番薯岛、西黄皮墩等（图8-10）。

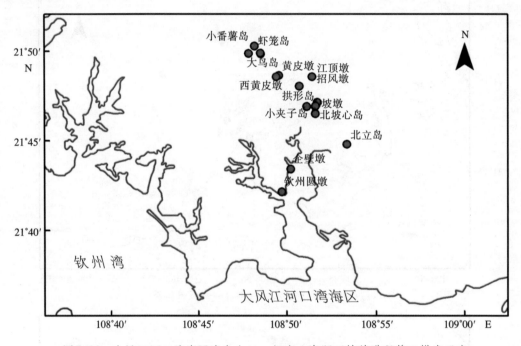

图8-10　大风江河口湾海区海岛人口－经济－资源可持续进程第三模式示意

第四模式占海岛开发可持续进程的 10%（图8-7d），主要的贡献指标为植被覆盖、三通一平、常住人口和紧凑度，其中植被覆盖得分最低超过 −0.8，说明此模式下该海区海岛尽管基础设施不太差，也具备一定的宜居性，但生态系统结构单一，生态环境脆弱，开发难度较大。属于该类型的海岛包括虾箩沟墩、南坟岛、穿牛鼻墩、小坪岭岛、江岔口岛、西风岛和大坪岭岛等（图8-11）。

第五模式占海岛开发可持续进程的 8%（图8-7e），主要的贡献指标为常住人口、近陆距离和紧凑度，其中近陆距离为负数。表明此模式下该海区海岛有一定的人口居住且生境保护和规划前景较好，但三通一平等成为限制海岛开发的主要障碍。属于该类型的海岛为该海区剩下的海岛（图8-12）。

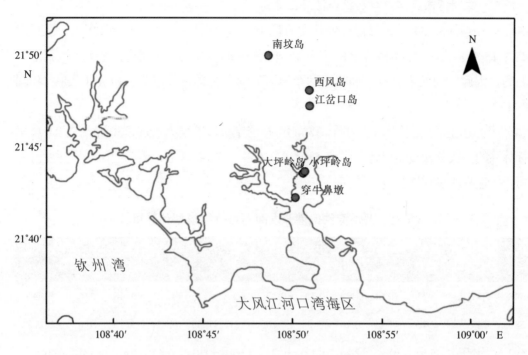

图8-11　大风江河口湾海区海岛人口－经济－资源可持续进程第四模式示意

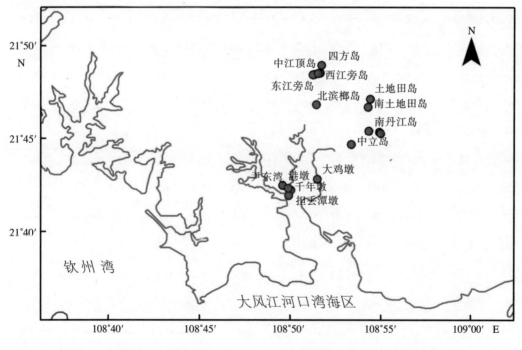

图8-12　大风江河口湾海区海岛人口－经济－资源可持续进程第五模式示意

3）廉州湾南流江河口和铁山港海区海岛

廉州湾海岛 34 个，目前已经开发的是 17 个，而铁山港的海岛为 20 个，已开发的为 13 个。由于廉州湾海区的海岛和铁山港海区的海岛为同一属性，绝大多数属于沙泥岛。因此，为便于分析，而将这两个海区的海岛合并在一起进行研究（表8-4和图8-13）。

当利用主成分模型构建 30 个海岛的可持续定量评价模型发现，30 个海岛 11 个指标体系的主成分模型定量评价中前 5 个成分才占了 77% 以上，表明此海区已开发海岛可持续进程的多样性和复杂性。

表8-4　廉州湾铁山港开发海岛可持续模型计算得分

序号	海岛标准名称	植被覆盖	三通一平	常住人口	近陆距离	岸线长度	最高点高程	海岛面积	海岛紧凑度	海岸线系数	交通便利度	海岛剥蚀能力
548	南域围	5.31	-0.61	1.29	0.14	-0.32	0.53	-0.15	-0.12	-0.18	0.09	-0.40
585	七星岛	2.16	-1.16	0.16	-0.20	-0.16	-0.81	-0.55	0.43	-0.15	-0.67	-0.07
602	更楼围	5.69	-1.65	2.26	0.12	-0.24	1.06	-0.01	-0.88	0.12	0.16	0.31
504	东林屋坪	-0.44	-1.43	-0.40	-0.36	0.59	0.92	-0.11	1.43	0.38	0.18	-0.08
550	大北城墩岛	-0.19	-0.30	-0.70	-0.82	1.17	-0.22	0.12	-0.18	0.06	0.14	-0.05
558	北海涌	0.28	0.14	-1.11	-0.62	0.43	-0.59	-0.50	-0.18	-0.51	0.14	-0.03
561	砖窑	-0.23	-0.60	-0.06	-0.23	1.05	-0.64	0.25	-0.33	0.43	-0.10	0.03
563	小砖窑岛	-0.05	-0.88	-0.23	-0.98	1.09	-0.32	0.23	0.33	0.24	0.03	0.02
565	罗庞墩	0.51	0.15	-1.06	-0.52	0.43	-0.63	-0.59	-0.19	-0.59	-0.01	0.00
566	小平墩岛	-0.68	0.04	-1.94	-0.10	-0.66	0.02	0.89	-1.73	0.23	-0.01	-0.05
571	西江头	0.37	-0.08	-0.94	-0.75	0.51	-0.40	-0.41	-0.26	-0.45	-0.18	0.16
573	榕木头	-0.33	-1.34	-1.97	0.53	-2.53	0.68	0.31	0.28	0.19	-0.02	0.04
576	洪潮墩	-0.47	-1.12	-0.15	-0.01	1.08	0.95	-0.13	0.86	0.35	-0.14	0.06
579	东红角岛	-0.16	-0.75	-1.73	0.14	-1.94	0.65	-0.37	0.54	-0.21	0.06	0.06
598	独墩头	-0.98	0.44	-0.60	0.60	1.33	1.10	-0.26	-0.70	0.02	-0.19	0.04
620	观音墩	0.11	-0.46	-0.59	-0.86	1.08	-0.52	-0.08	0.49	0.01	0.35	-0.04
646	外沙岛	4.14	5.42	-1.44	1.19	0.19	-0.26	0.98	0.83	0.24	-0.04	0.04
196	三角屋墩岛	-2.12	0.51	1.14	3.03	-0.28	0.50	-0.72	-0.25	0.38	-0.10	-0.03

序号	海岛标准名称	植被覆盖	三通一平	常住人口	近陆距离	岸线长度	最高点高程	海岛面积	海岛紧凑度	海岸线系数	交通便利度	海岛剥蚀能力
244	北海茅墩	−1.41	1.24	1.22	−0.09	0.22	0.69	0.22	0.34	−0.50	0.07	0.31
251	高墩	−1.04	0.88	1.31	2.29	0.03	−1.47	−1.37	−0.11	0.04	0.20	−0.03
254	细茅山	−1.39	0.53	0.76	0.91	0.00	0.00	−0.23	−0.10	−0.28	0.06	−0.04
274	中间草墩	−1.38	2.94	1.59	−3.95	−1.54	0.41	−1.23	−0.27	0.53	−0.04	−0.03
277	北海双墩	−0.48	−0.02	−1.03	−0.25	0.29	−0.38	0.37	−0.93	0.14	0.10	−0.07
281	石马坡	−1.02	−0.16	−0.68	0.54	0.61	0.95	−0.02	−0.30	0.21	−0.04	−0.05
294	颈岛	−2.47	0.65	2.13	−0.46	−0.41	0.96	1.44	0.15	−0.70	−0.06	−0.15
314	钓鱼台岛	−0.68	−0.77	0.93	−0.54	−0.51	−0.99	0.96	0.25	0.00	−0.01	0.02
318	北海火烧墩	−1.82	0.09	1.20	0.57	0.60	0.53	0.62	−0.08	0.02	−0.04	−0.09
329	大岭	−0.37	−0.63	0.91	−0.33	0.54	−1.12	0.31	0.22	0.11	−0.06	0.07
465	老鸦洲	−0.51	−1.00	1.01	0.48	−1.78	−2.02	0.72	0.23	0.23	0.05	0.06
477	鹅掌墩	−0.38	−0.06	−1.24	0.54	−0.88	0.41	−0.69	0.20	−0.36	0.11	−0.01

第一模式占海岛开发可持续进程的 34%（图8-13a），主要的贡献指标为常住人口、岸线长度、面积、便利度、紧凑度和剥蚀度，其中后两者为负数。该模式下岸线长度等指标都得分较高，说明此模式下该海区海岛基础设施较好，植被较多样，生境保护和规划条件较优越，海岛开发条件优越，但要注意海岛防侵蚀保护。属于该类型的海岛包括：更楼围、南域围、外沙岛、七星岛、罗庞墩、西江头、北海涌、观音墩等（图8-14）。

第二模式占海岛开发可持续进程的 17%（图8-13b），主要的贡献指标为海岸线系数、便利度、三通一平和紧凑度，其中后两者为负数。表明此模式下该海区海岛虽有一定的便利条件，但可能由于岛内不平整、较易侵蚀等因素，不利于海岛开发与规划。属于该类型的海岛包括中间草墩、北海茅墩等（图8-15）。

第三模式占海岛开发可持续进程的 14%（图8-13c），主要的贡献指标为常住人口、近陆距离、最高点高程、面积、紧凑度和剥蚀度，其中近陆距离为负数。剥蚀度得分最高超过 0.5，最高点高程和面积分别次之，表明此模式下该海区海岛基础设施较好，宜居性较好，但受海平面上升等外界条件影响显著，必须注意防范。属于该类型的海岛包括颈岛、北海火烧墩、老鸦洲、钓鱼台岛、大岭等（图8-16）。

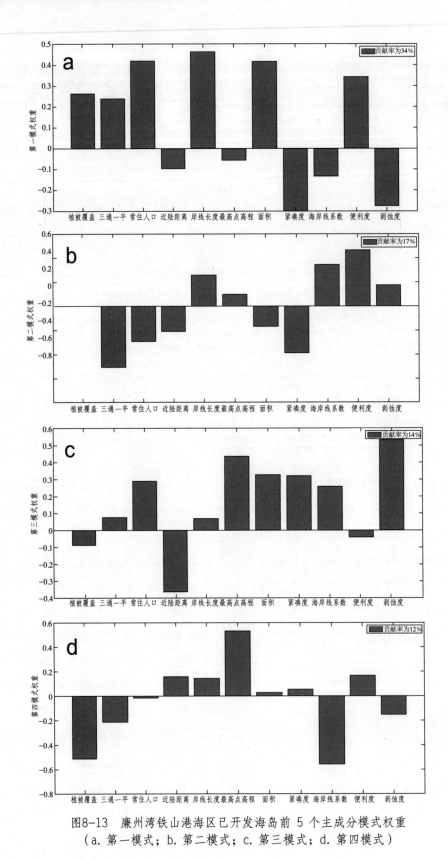

图8-13 廉州湾铁山港海区已开发海岛前 5 个主成分模式权重
（a. 第一模式；b. 第二模式；c. 第三模式；d. 第四模式）

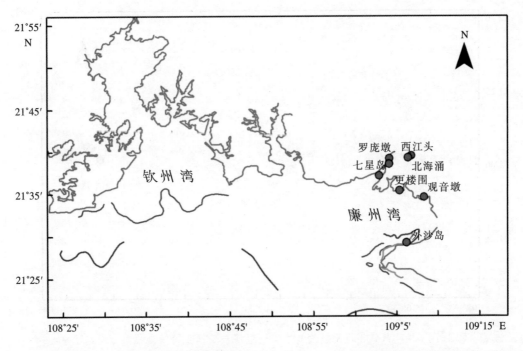

图8-14 廉州湾铁山港海区海岛人口—经济—资源可持续进程第一模式示意

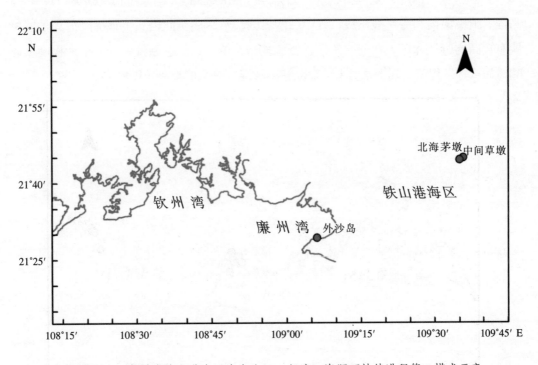

图8-15 廉州湾铁山港海区海岛人口—经济—资源可持续进程第二模式示意

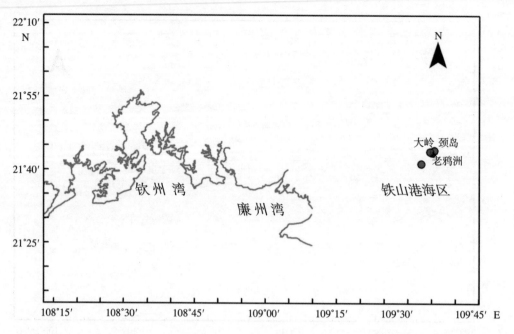

图8-16　廉州湾铁山港海区海岛人口—经济—资源可持续进程第三模式示意

第四模式占海岛开发可持续进程的 12%（图8-13d），主要的贡献指标为最高点高程、植被覆盖和海岸线系数，其中后两者为负数，表明此模式下该海区海岛虽然可能有较高的避风和风力发电的条件，但植被结构单一，生态系统脆弱，很大程度上影响海岛可开发程度。属于该类型的海岛包括该海区剩余的海岛（图8-17）。

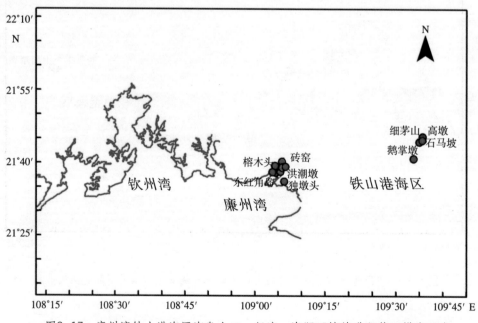

图8-17　廉州湾铁山港海区海岛人口—经济—资源可持续进程第四模式示意

4）防城港湾海区海岛

防城港湾海区海岛 249 个，目前已经开发的是 118 个。当利用主成分模型构建 118 个海岛的可持续定量评价模型时发现，118 个海岛 11 个指标体系的主成分模型定量评价中前 5 个成分才占了 72% 以上，表明防城港湾海区已开发海岛可持续进程的多样性和复杂性（表8-5和图8-18）。

表8-5　防城港湾海区开发海岛可持续模型计算得分

序号	海岛标准名称	植被覆盖	三通一平	常住人口	近陆距离	岸线长度	最高点高程	海岛面积	海岛紧凑度	海岸线系数	交通便利度	海岛剥蚀能力
457	西老虎岭岛	-0.20	-0.29	-0.07	-0.17	0.54	0.54	-0.78	0.30	-0.24	-0.01	0.10
458	尽尾萝岛	0.58	0.39	0.15	-0.29	0.11	0.29	-0.07	-0.28	-0.25	0.22	0.05
459	六墩尾	-13.57	1.02	0.59	-6.25	-1.20	1.29	2.27	-1.18	0.60	-0.38	0.09
460	南尽尾萝岛	-0.11	-0.07	0.00	-0.08	0.41	0.54	-0.65	0.10	-0.28	-0.01	0.10
461	横山岭	0.64	-0.09	0.94	-0.34	-0.08	0.61	0.05	-0.52	-0.78	0.90	0.03
462	山墩	-0.24	-0.96	-0.06	-0.34	0.67	0.57	-0.90	0.30	-0.49	0.09	0.01
463	北钻牛岭	1.06	0.94	0.34	-0.45	-0.34	0.31	0.34	-0.32	0.01	0.78	0.05
465	老鸦洲	0.21	-1.49	1.56	0.48	-0.60	-0.64	0.53	0.13	0.85	-0.13	-0.06
466	东龟仔岭岛	0.55	0.06	-0.17	-0.33	0.10	0.38	-0.15	-0.24	-0.28	0.10	0.03
467	龟仔岭	0.18	-0.31	-0.28	-0.27	0.38	0.41	-0.49	-0.07	-0.33	-0.10	0.04
468	针鱼北墩岭	0.07	-0.51	-0.29	-0.41	0.53	0.38	-0.68	0.23	-0.26	-0.05	-0.06
469	曲车圆墩岛	0.74	-0.15	-0.40	-0.45	0.17	0.17	-0.01	-0.57	-0.39	-0.10	-0.04
470	曲车北墩岛	0.29	-0.07	-0.10	-0.29	0.30	0.36	-0.40	-0.10	-0.29	0.02	0.04
471	扁涡墩	1.00	1.44	-0.36	-0.41	-0.01	-0.11	0.29	-0.10	0.53	0.09	0.07
472	曲车小墩岛	0.50	-0.31	-0.43	-0.40	0.24	0.31	-0.26	-0.30	-0.37	-0.13	-0.03
473	中车	0.32	-0.24	-0.31	-0.26	0.35	0.27	-0.35	-0.38	-0.41	-0.19	0.04
474	曲车岛	-0.12	-0.44	-0.13	-0.06	0.44	0.55	-0.63	-0.17	-0.45	-0.03	0.09
475	浮鱼岛	-0.06	-1.84	1.15	0.68	-0.78	-0.43	0.15	-0.14	0.65	-0.56	0.00
479	旧沙田	0.20	-0.30	0.09	-0.40	0.46	0.38	-0.48	0.13	-0.30	0.27	-0.02
593	大虫墩岛	0.66	-0.16	-0.14	-0.45	0.08	0.33	-0.10	-0.38	-0.39	0.21	-0.03

序号	海岛标准名称	植被覆盖	三通一平	常住人口	近陆距离	岸线长度	最高点高程	海岛面积	海岛紧凑度	海岸线系数	交通便利度	海岛剥蚀能力
594	蛇地坪南岛	1.20	2.72	-0.70	-0.63	-0.37	-0.26	0.48	0.49	1.66	0.49	-0.01
595	双墩南岛	0.18	0.92	-1.66	-0.19	0.65	-0.24	-0.60	0.39	0.77	-1.33	0.10
597	西风流岭岛	0.55	-0.24	-0.29	-0.41	0.10	0.27	-0.17	-0.22	-0.20	0.01	-0.07
621	沙耙墩	-1.26	-2.66	1.71	1.35	-0.67	-0.44	-0.43	-0.06	1.03	-0.35	0.17
622	圆独墩岛	-1.58	-0.68	-1.08	0.55	-2.63	-3.56	1.15	1.58	-2.40	0.45	-0.04
17	鲈鱼岛	1.05	2.16	-1.08	-0.49	-0.13	-0.29	0.23	0.31	1.30	-0.18	0.03
18	杯较墩岛	-0.60	0.53	-1.18	-0.19	0.08	-1.07	-0.33	1.01	-0.69	-0.19	0.07
24	猪腰墩岛	-0.26	-0.22	-0.81	-0.35	-0.18	-0.88	0.03	0.34	-1.36	0.25	-0.08
30	茅岭大墩	-0.01	-0.39	-0.24	-0.24	0.49	0.45	-0.66	0.11	-0.30	-0.10	0.06
32	大茅岭	-6.18	3.20	-4.11	6.63	0.25	-1.27	-1.46	-1.68	0.53	1.19	-0.41
35	防城茅墩	-0.18	-1.50	0.80	0.56	-1.65	-1.71	1.00	0.36	-0.18	0.07	-0.08
39	螃蟹岭岛	0.23	1.75	-2.16	-0.11	0.67	-0.51	-0.58	0.63	1.35	-1.79	0.14
40	螃蟹腿墩	0.18	-0.89	0.43	0.06	-0.24	0.03	-0.17	0.16	0.29	-0.16	-0.02
43	大笼墩岛	0.50	-0.04	-0.08	-0.49	0.08	0.29	-0.18	0.01	-0.01	0.32	-0.12
66	光彩墩	-0.77	1.49	-2.51	-0.17	-0.85	-2.49	0.36	1.35	-1.19	-0.41	0.00
68	乌山墩	-0.27	-0.90	-0.01	0.35	-1.21	-1.51	0.56	0.51	-0.33	-0.19	-0.04
71	东江口墩岛	0.39	2.34	-1.48	-0.38	-0.71	-1.42	0.59	0.83	0.27	0.18	0.05
72	西江口墩	0.07	1.58	-1.95	-0.29	-0.36	-1.43	0.21	0.74	-0.09	-0.57	0.03
75	马鞍墩岛	-0.34	-0.65	-0.12	-0.41	0.82	0.45	-1.04	0.74	-0.13	0.05	-0.08
81	大塘蚝场	0.04	-3.03	1.94	1.10	-1.83	-1.05	0.72	0.31	1.73	-0.85	-0.18
95	薄寮南墩岛	0.35	-0.43	-0.33	-0.35	0.27	0.30	-0.37	-0.09	-0.25	-0.12	-0.05
106	小黄竹墩岛	-0.09	0.21	-0.58	-0.37	-0.49	-0.78	0.15	0.43	-1.18	0.64	-0.03
115	蛇墩	0.15	-0.61	-0.40	-0.43	0.53	0.30	-0.60	0.07	-0.32	-0.18	-0.10
125	漩涡壳墩	0.63	-0.94	0.35	0.13	-0.83	-0.41	0.45	-0.22	0.74	-0.44	-0.14
131	狗尾墩	0.36	-0.33	-0.27	-0.42	0.50	0.20	-0.34	-0.13	-0.32	-0.06	-0.05
135	杨木墩岛	0.63	-0.08	0.09	-0.24	-0.23	0.18	0.06	-0.09	0.14	0.18	-0.03

续表

序号	海岛标准名称	植被覆盖	三通一平	常住人口	近陆距离	岸线长度	最高点高程	海岛面积	海岛紧凑度	海岸线系数	交通便利度	海岛剥蚀能力
146	坪墩	0.65	−0.44	−0.20	−0.34	−0.03	−0.03	0.13	−0.44	−0.05	−0.20	−0.15
275	杨树山角墩	1.55	1.79	1.16	−0.45	−1.21	0.20	1.01	−0.03	0.92	1.88	0.08
283	黄猺墩	0.01	−0.60	−0.57	0.11	0.46	0.71	−0.12	0.08	−0.33	−0.23	0.04
284	横山墩	0.50	−0.24	−0.25	−0.36	0.15	0.26	−0.23	−0.20	−0.23	−0.03	−0.02
287	蟾蜍墩	0.67	−0.43	0.78	0.22	−0.99	−0.30	0.51	0.04	0.93	−0.02	−0.02
303	江口墩	0.02	−0.84	0.18	0.26	−0.18	0.07	−0.16	0.09	0.31	−0.45	0.04
316	网鳌墩	0.78	−0.16	0.45	−0.11	−0.70	−0.11	0.40	−0.09	0.62	0.24	−0.06
317	鲁古墩	0.29	−1.09	0.48	0.23	−0.54	−0.38	0.12	0.12	0.74	−0.50	−0.06
320	猫刀墩	−0.49	−1.64	−1.25	2.89	0.16	2.51	3.48	1.24	0.42	−0.49	0.04
324	黄竹万岭	0.67	1.31	1.11	−0.24	−0.18	0.37	0.13	0.26	0.16	0.92	0.09
331	大包针岭	0.53	−0.24	1.11	0.19	−0.39	−0.33	0.49	−0.10	0.50	0.08	0.02
335	老虎头墩	1.26	2.77	−0.61	−0.57	−0.23	−0.38	0.56	0.42	1.60	0.45	0.06
336	大山岭岛	−1.07	−1.33	0.57	0.47	−0.88	−1.15	−0.12	1.19	−0.41	0.11	0.06
337	老虎头岭	−0.07	−1.42	0.79	0.42	−0.49	−0.11	−0.11	0.14	0.48	−0.38	0.02
339	大包针岭	0.59	1.92	−0.74	−0.17	0.48	−0.51	0.03	0.40	1.07	−0.73	0.12
342	蛇皮墩	0.39	−0.58	−0.14	−0.26	0.13	0.05	−0.19	−0.12	−0.03	−0.22	−0.08
344	旧屋地岭	−2.92	−0.60	0.58	1.51	−1.49	−1.94	−0.35	1.23	−1.43	0.42	0.39
348	冬瓜山	0.65	−0.88	1.55	0.22	−0.63	−0.39	0.77	−0.32	0.41	0.37	−0.04
349	鲖鱼墩	0.40	−1.95	0.71	0.20	−0.34	−0.43	0.40	−0.59	0.02	−0.49	−0.12
355	葛麻山	0.91	2.11	−0.97	−0.39	0.04	−0.30	0.10	0.39	1.19	−0.35	0.09
356	榄皮岭	0.18	0.23	0.42	−0.17	0.42	0.23	−0.31	0.08	−0.14	0.16	0.07
357	三角井岛	0.85	0.77	0.70	−0.39	−0.32	0.39	0.20	−0.05	0.04	0.95	0.05
398	磨勾曲北墩	−0.20	−0.55	−0.87	−0.12	−0.49	−0.75	0.12	−0.16	−1.65	0.06	0.03
400	透坳岭	0.37	0.50	0.42	−0.15	−0.04	0.49	−0.22	0.11	−0.09	0.32	0.08
401	磨沟曲岭	−0.94	−0.76	0.11	0.32	0.66	0.77	−1.02	0.04	−0.33	0.18	0.24
406	大山佬	−0.36	−0.28	0.24	0.00	0.78	0.33	−0.74	−0.13	−0.40	0.04	0.12

序号	海岛标准名称	植被覆盖	三通一平	常住人口	近陆距离	岸线长度	最高点高程	海岛面积	海岛紧凑度	海岸线系数	交通便利度	海岛剥蚀能力
408	公车弹虾岭	0.45	0.36	0.48	-0.42	0.03	0.53	-0.26	0.29	-0.06	0.80	0.01
409	蛇岭	-0.35	-1.53	0.28	0.31	0.11	-0.21	-0.44	0.03	0.33	-0.57	0.06
483	海墩岛	0.81	0.19	0.28	-0.42	-0.16	-0.06	0.42	-0.23	0.30	0.49	-0.14
484	较杯墩岛	0.69	1.37	-1.46	-0.40	0.45	-0.44	-0.09	0.20	0.92	-0.96	-0.01
485	晒鲈墩	0.26	-0.58	-0.37	-0.33	0.44	0.20	-0.44	-0.16	-0.33	-0.28	-0.02
486	横墩	0.58	0.44	-0.92	-0.35	0.25	-0.09	-0.20	-0.04	0.32	-0.62	-0.01
487	笪箕墩	0.54	-0.27	-0.14	-0.33	0.22	0.07	-0.07	-0.30	-0.18	-0.09	-0.03
489	鲕鱼岭岛	-0.12	-1.26	1.22	0.44	-0.58	0.04	-0.11	0.29	0.44	-0.09	0.04
490	细墩	0.69	-0.20	-0.47	-0.43	0.10	0.28	-0.07	-0.47	-0.37	-0.08	-0.05
491	烧火北岭岛	0.34	-0.06	-0.02	-0.25	0.23	0.27	-0.30	-0.15	-0.23	-0.01	0.04
496	烧火墩大岭	-0.97	0.59	4.09	0.42	8.05	-4.59	3.21	-0.46	-0.15	0.13	-0.05
497	李大坟岛	-0.83	-0.92	-2.83	3.78	1.42	4.76	4.92	1.58	-0.73	0.13	0.15
502	狗头岭岛	0.65	-0.21	-0.29	-0.39	0.14	0.15	-0.05	-0.44	-0.29	-0.09	-0.03
503	洲墩	-0.92	7.23	7.33	3.05	-1.42	2.24	-0.70	0.60	-2.31	-1.91	-0.14
505	猪头墩	1.12	0.84	0.20	-0.62	-0.35	0.25	0.43	-0.32	0.16	0.98	-0.05
506	公车马岭	0.81	0.15	-0.11	-0.48	-0.10	0.20	0.11	-0.34	-0.07	0.32	-0.07
511	猴子墩	0.44	-0.49	0.07	-0.39	0.14	0.40	-0.27	-0.19	-0.41	0.27	-0.05
512	站前小墩岛	0.72	0.25	-0.05	-0.52	0.01	0.29	-0.02	-0.17	-0.07	0.47	-0.06
513	三车岭	3.21	0.70	-1.91	0.04	-1.62	-0.55	2.59	-5.31	-1.60	-1.44	-0.13
515	螃蟹墩岛	0.75	0.11	0.21	-0.34	-0.32	0.12	0.17	-0.10	0.26	0.41	-0.06
516	站前西墩岛	0.34	-0.07	0.06	-0.18	0.12	0.24	-0.25	-0.16	-0.16	-0.04	0.05
517	站前墩岛	0.34	0.06	-0.08	-0.23	0.19	0.51	-0.26	0.01	-0.24	0.15	0.05
520	西茅墩岛	0.48	-0.81	0.06	-0.21	-0.01	0.17	-0.09	-0.45	-0.35	-0.10	-0.03
522	松柏岭	0.65	0.03	-0.10	-0.36	0.03	0.23	-0.06	-0.30	-0.19	0.11	0.00
535	大扫把墩岛	0.06	-0.09	0.12	-0.22	0.30	0.50	-0.54	0.40	-0.08	0.19	0.04
537	钻牛岭	1.51	1.64	1.07	-0.49	-1.08	0.11	1.00	-0.08	0.90	1.81	0.04

续表

序号	海岛标准名称	植被覆盖	三通一平	常住人口	近陆距离	岸线长度	最高点高程	海岛面积	海岛紧凑度	海岸线系数	交通便利度	海岛剥蚀能力
542	光坡大岭岛	-0.12	-0.08	-0.05	0.16	0.28	0.54	-0.48	-0.16	-0.27	-0.11	0.10
544	草鞋墩岛	0.18	-0.30	-0.14	-0.35	0.48	0.30	-0.51	0.09	-0.24	0.00	0.00
545	大沙潭墩	0.20	-0.16	-0.13	-0.23	0.40	0.29	-0.43	-0.21	-0.33	-0.10	0.05
546	沙潭墩	0.71	0.25	0.05	-0.50	0.20	0.15	0.08	-0.19	-0.08	0.44	-0.05
549	黄豆岛	0.72	0.13	-0.15	-0.41	0.01	0.28	-0.03	-0.36	-0.24	0.16	0.01
552	对坎潭北墩	0.52	-0.24	-0.36	-0.51	0.24	0.26	-0.21	-0.25	-0.27	0.02	-0.13
555	对坎潭南墩	0.20	-0.53	-0.40	-0.49	0.47	0.32	-0.54	0.03	-0.30	-0.13	-0.16
557	北土地墩岛	0.47	-0.05	-0.19	-0.38	0.18	0.38	-0.26	-0.10	-0.24	0.12	0.00
559	花生墩岛	0.16	-0.56	-0.05	-0.14	0.13	0.27	-0.35	0.20	0.04	-0.12	-0.02
562	公车独山	0.10	-0.16	0.07	-0.24	0.38	0.33	-0.52	0.15	-0.16	0.04	0.05
564	烂井港	0.57	-0.30	-0.34	-0.41	0.15	0.21	-0.16	-0.32	-0.26	-0.09	-0.06
567	烂井港南岛	-2.28	-0.77	0.17	-0.99	1.12	1.36	-1.06	1.80	0.42	0.22	-1.13
572	新坡小墩岛	0.36	-0.24	-0.28	-0.36	0.31	0.33	-0.38	-0.16	-0.33	-0.06	0.01
574	新坡大墩岛	-0.49	-0.34	-0.14	0.07	0.62	0.67	-0.82	0.26	-0.25	-0.05	0.16
577	北风脑岛	-0.88	-0.65	0.34	0.21	0.83	0.43	-1.07	-0.15	-0.35	0.16	0.20
581	龙孔墩	-0.63	-1.36	1.47	1.06	-0.70	-0.29	-0.23	0.09	0.84	-0.55	0.09
584	将军山	0.67	0.68	1.99	0.83	-1.58	-0.26	0.80	-0.09	1.01	-0.08	0.04
590	双墩	0.23	1.22	-1.31	-0.31	0.62	-0.24	-0.59	0.75	0.99	-0.94	0.05
480	针鱼岭	-3.60	-1.07	0.71	3.92	-0.18	-0.04	-1.80	-2.22	1.60	0.65	0.07
501	长榄岛	-2.24	-0.31	-0.04	1.00	1.47	0.17	-1.73	-0.84	0.25	0.48	0.48

第一模式占海岛开发可持续进程的 **24%**（图8-18a），主要的贡献指标为植被覆盖、剥蚀度、面积、紧凑度、海岸线系数和岸线长度，其中后两者为负数。紧凑度为正向得分最高超过 0.4，植被覆盖次之。表明此模式下该海区海岛植被类型复杂多样，生境保护和规划条件优越，但由于岸线长度和海岸线系数负向得分也较高，说明该海区海岛的岸线长度、人口容纳量和利于建港的条件等因素制约着海岛的进一步开发。属于该类型的海岛包括：三车岭、三角井岛、海墩岛、公车马岭、网鳌墩、螃蟹墩

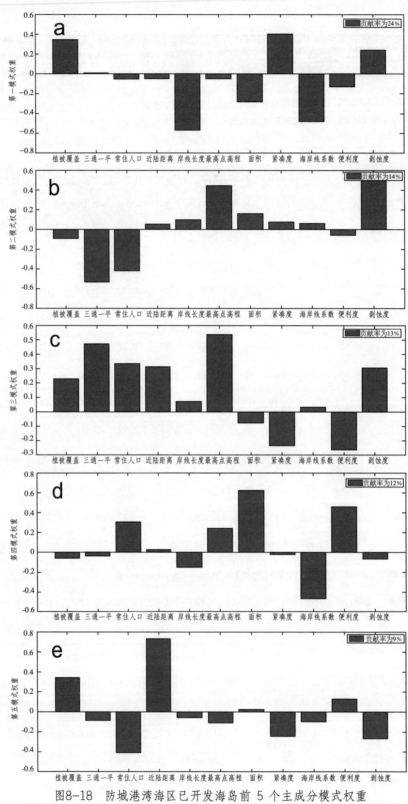

图8-18 防城港湾海区已开发海岛前 5 个主成分模式权重
（a. 第一模式；b. 第二模式；c. 第三模式；d. 第四模式；e. 第五模式）

岛、曲车圆墩岛、站前小墩岛、黄豆岛、沙潭墩、细墩、蟾蜍墩、大虫墩岛、坪墩、狗头岭岛、松柏岭、漩涡壳墩、杨木墩岛、尽尾萝岛、横墩、烂井港、东龟仔岭岛、西风流岭岛、笪箕墩、对坎潭北墩、曲车小墩岛、大笼墩岛、横山墩、西茅墩岛、北土地墩岛、猴子墩、蛇皮墩、新坡小墩岛、薄寮南墩岛、烧火北岭岛、站前西墩岛、站前墩岛（图8-19）。

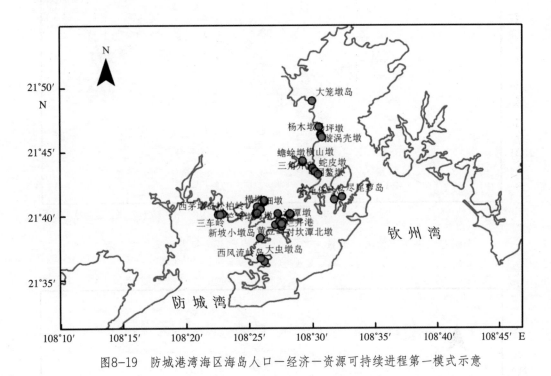

图8-19　防城港湾海区海岛人口—经济—资源可持续进程第一模式示意

第二模式占海岛开发可持续进程的 14%（图8-18b），主要的贡献指标为最高点高程、剥蚀度、三通一平和常住人口，其中后两者为负数。此模式下该海区海岛最高点高程较高有一定的避风和建港可能性，但基础设施差、宜居程度差，加上较容易受到外界的侵蚀影响，这些不利条件将影响了海岛的进一步开发。属于该类型的海岛包括老虎头墩、蛇地坪南岛、东江口墩岛、东江口墩岛、鲈鱼岛、葛麻山、大包针岭、杨树山角墩、螃蟹岭岛、钻牛岭、西江口墩、光彩墩、扁涡墩、较杯墩岛、黄竹万岭、双墩、双墩南岛、杯较墩岛、透坳岭等（图8-20）。

第三模式占海岛开发可持续进程的 13%（图8-18c），主要的贡献指标为三通一平、常住人口、近陆距离、最高点高程、剥蚀度、便利度和紧凑度，其中后两者为负数。此模式下，海区海岛基础设施较好，植被类型丰富，宜居程度较高，综合可开发利用程度较高，但同时，应注意到该海区海岛也面临易受海平面上升等外界影响和开

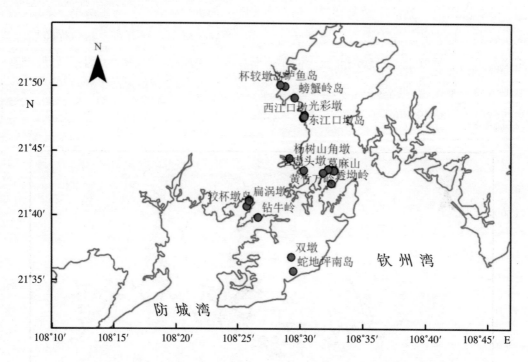

图8-20　防城港湾海区海岛人口—经济—资源可持续进程第二模式示意

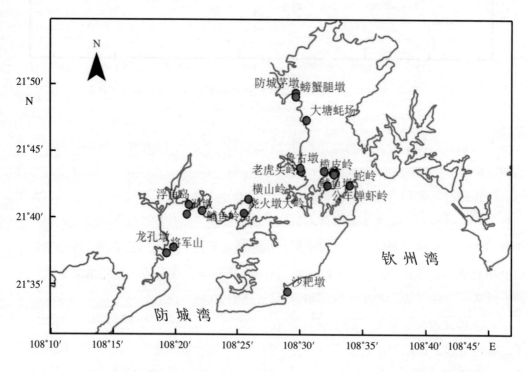

图8-21　防城港湾海区海岛人口—经济—资源可持续进程第三模式示意

发规划较难等挑战。属于该类型的海岛包括洲墩、烧火墩、大岭、将军山、大塘蚝
场、沙耙墩、老鸦洲、冬瓜山、龙孔墩、鲋鱼岭岛、浮鱼岛、横山岭、防城茅墩、老
虎头岭、蟾蜍墩、大包针岭、鲋鱼墩、大山岭岛、公车弹虾岭、鲁古墩、螃蟹腿墩、
榄皮岭蛇岭等（图8-21）。

　　第四模式占海岛开发可持续进程的 12%（图8-18d），主要的贡献指标为面积、
便利度和海岸线系数，其中后者为负数。这表明在次模式下该海区海岛基础设施较
好，宜居程度较高，但岸线不长、建港条件较差。属于该类型的海岛包括大茅岭、针
鱼岭、李大坟岛、猫刀墩、旧屋地岭、圆独墩岛、乌山墩和江口墩（图8-22）。

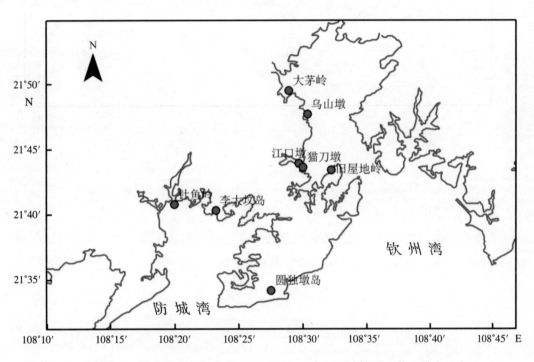

图8-22　防城港湾海区海岛人口—经济—资源可持续进程第四模式示意

　　第五模式占海岛开发可持续进程的 9%（图8-18e），主要的贡献指标为植被覆
盖、近陆距离、紧凑度、剥蚀度和常住人口，其中后三者为负数。表明此模式下该海
区海岛虽然近靠陆地且植被类型也相对丰富，但基础设施较差，宜居性不足，且受海
平面上升影响较显著，综合开发程度不高。属于该类型的海岛包括该海区剩余的海岛
（图8-23）。

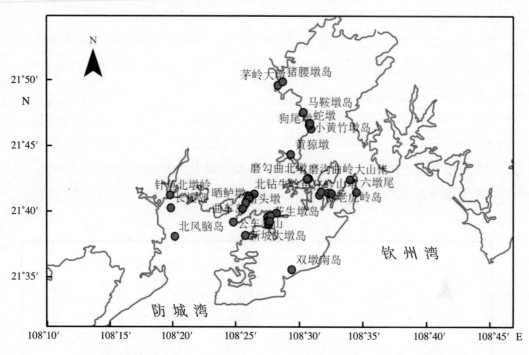

图8-23　防城港湾海区海岛人口—经济—资源可持续进程第五模式示意

5）珍珠港湾海区海岛

珍珠港湾海区海岛共 19 个岛屿，其中 13 个为已开发海岛，除了独墩岛是泥沙岛，其他全是基岩岛，开发利用方向以渔业为主，偶有北蚊虫墩岛是农林用岛，但海区海岛的整体发展较落后。因各项指标较单一等原因，在这里不做主成分定量分析。

第9章 广西典型海岛开发、规划与发展战略

广西海岛符合"据点式"或"集群式"开发。在当前建设21世纪海上丝绸之路、深化我国与东盟合作政策的引导下，作为我国西南大通道的前沿出海桥头堡，海域海岛的开发、规划与发展理应有新的思路、新的视角和独具特色的战略措施。

9.1 涠洲岛—斜阳岛海区开发、规划和战略

涠洲岛—斜阳岛海区属于广西海岛保护规划七大海区之一，目前为广西著名的旅游景点。在七大海区中，该海区海岛的城市化发展进展无论从人居环境、旅游交通设施、管理和经济等各方面，其可持续进程是完全领先于其他六大海区的海岛发展。该海区海岛位于北海市涠洲岛和斜阳岛附近海域，海域面积为 258.92 km^2。主要功能为旅游休闲娱乐和海洋保护，兼顾港口航运。保障区域旅游发展用海需要，保护珊瑚礁生态系统，做好旅游发展与珊瑚礁生态系统保护之间的协调；开展人工鱼礁建设，恢复海洋生物资源；充分协调涠洲岛南部海域的开发利用活动；加强对港口附近海域的环境监测和管理，严格控制含油污水的排放；支持油气资源的勘探开发，提升溢油等海洋环境突发事件的应急能力。

9.1.1 海岛开发存在的问题

涠洲岛—斜阳岛海区管辖涠洲岛、斜阳岛和猪仔岭岛3个基岩岛，是所有海岛中离大陆最远的海岛，但毋庸置疑，因旅游开发亦是受大陆影响最为强烈的海岛。涉及海岛的自然资源禀赋以及旅游开发价值已有很多研究和报告论及，在此仅就笔者实地对涠洲岛海区调研发现的主要相关问题进行阐述。

1）海岛旅游资源存在潜在风险

涠洲岛是海区主要的旅游海岛，斜阳岛为从属岛，猪仔岭岛目前尚未进行开发。涠洲岛的主要旅游资源为海滩旅游、水下珊瑚礁观赏、海岛火山景观一览等，海岛上还有天主教堂和人工开挖的大型水库。显然，涠洲岛的重要旅游资源仍旧是海岛自然存在的海滩、珊瑚礁。然而，遍及涠洲岛可供旅游的海滩资源极少，大型的海滩基本

是在海岛的西南部石螺口沙滩，北部有小的贝壳沙滩，南湾虽然存在大规模的海滩，但南湾已开辟为交通码头，海滩旅游价值不大。涠洲岛的海滩目前不仅面临因全球变暖、海平面上升而导致海岛海滩侵蚀后退的风险，更为严重的是，近几十年来涠洲岛因旅游业的发展，当地居民构建住宅、旅游宾馆、铺路，疯狂采掘海滩砂，直接用于住宅的宅基地填埋、宾馆围墙、道路路基以及大排档的地基。而涠洲岛的海滩资源屈指可数，这就导致海滩受到大规模的侵蚀，譬如石螺口海滩。同时，石螺口海滩的西侧近海分布有沿海岸平行的珊瑚礁，在20世纪80年代水下珊瑚礁良性发展，并有丰富的珊瑚礁鱼类生态体系。珊瑚礁的存在有效地防止了近岸泥沙的侵蚀，在很大程度上对海滩的动态平衡、防止海滩侵蚀有积极作用。但由于北海海滩的开发，大量珊瑚礁被当地和沿海渔民采掘贩卖，短短不到10年，该处的珊瑚礁几乎消失殆尽，残留的基本都是质地发白的死珊瑚。珊瑚礁的大幅度破坏，导致西侧的优势海浪直接冲击海滩，海滩被侵蚀，目前该处的海滩上木麻黄的树根随处可见（图9-1至图9-3）。尽管当地和有关部门对海滩进行了修复，但修复的效果不大，海滩依旧处在侵蚀中（图9-4和图9-5）。此外，海岛除火山口沿线海岸岩性坚硬，其他海岸皆见浪蚀现象。

图9-1　受侵蚀海滩的木麻黄树根

图9-2　涠洲岛西海岸侵蚀现象

图9-3　涠洲岛西海岸陡崖崩塌

图9-4　当地政府对海滩采取防护措施

图9-5　涠洲岛西海岸（石螺口）海岸侵蚀防护

2）海岛环境容量有限，环境压力大

涠洲岛—斜阳岛海区离岸远，近岸水域各类环境指标多低于国家标准。但与之而来的是海岛自身的环境污染压力。目前涠洲岛到北海的航班是每天 3 班，其快船可承载约 900 人，游客一般在海岛住宿 2～3 晚，这意味着涠洲岛最多滞留游客可达 1 万人，加上本地居民海岛人口 3 万人。由于涠洲岛海岛中心主要种植香蕉，人口基本环岛而居，人居面积不到海岛的 20%。因此，相当于海岛 4 km² 的面积容纳 3 万人口，已接近国内大城市的人口密度。大量的人口涌进海岛，排放生活污水以及携带的如食品、塑料等无疑给海岛环境带来污染，冲击很大。值得提及的是，海岛尽管修有水库，但通过调查，当地人基本打井采用地下水饮用，长期下去，会导致海岛沉降。同时，大规模利用地下水，也可能造成回灌，导致二次污染。

3）海岛海陆交通设施不完善，岛上软硬件有待提高

目前，海岛的海陆交通设施很不完善，海岛上的交通船为快艇，一般遇到风浪5级以上就停船。这就导致准备前往涠洲岛的游客计划搁置，而已在岛上的游客或匆匆赶回内陆，或因赶不上回内陆的船而滞留岛上，游客游览涠洲岛的兴致全无。但涠洲岛的快艇仍旧"快来快往"，这实际上是旅游服务中的大忌。同时，值得提及的是，去涠洲岛的船每日为3班，而每班次的游客承载力可谓超大阵容。长此以往，则会谈涠而忌。岛内的交通也五花八门，有旅游公司的专用车、有当地居民的三轮车、小面包车等。

涠洲岛的宾馆主要是沿南湾一带，其他则主要是居民修建的民宅。这些民宅的卫生条件并没有经过检测，相关的洗刷、床上用品亦没有得到相关部门的卫生许可，无消防、安全措施。总而言之，涠洲岛尽管主导旅游，但岛上的居民素质、食宿条件、交通设施等都亟须提高，这是打造国际旅游岛的必需环节。

9.1.2 海岛开发、规划和战略

涠洲岛—斜阳岛海区在广西海岛的开发中相对来说是最好的，但如要打造国际旅游海岛需要在很多方面努力，其中合理和因地制宜的海岛开发与规划是首要条件。考虑到该海区海岛的开发亦有很多报告，为避免重复和符合实际、发挥特色的需要，同时结合国外其他成熟海岛的开发模式，在《广西壮族自治区海岛保护规划（2011—2020年）》的指导下，其未来海岛的可持续进程规划包括：

1）海岛保护区规划应因地制宜、保障人与自然和谐统一

首先，应圈定整个海岛的环境保护区。海岛的旅游必然会带来对周边环境尤其是鱼类栖息环境的破坏。因此，根据国际旅游海岛的开发模式，对涠洲岛以及斜阳岛应划定离大陆约1 km的范围均为保护区，在这1 km的范围内，禁止渔业、钓鱼、炸鱼、采砂、采珊瑚等，尤其对于石螺口海滩的西侧海洋则应延伸到2 km范围，保证珊瑚礁所属区域免受破坏。在此基础上，进一步重点保护石螺口海滩西侧离岸约5 km和斜阳岛东南离岸约3 km范围的珊瑚礁生态系统。同时，对于涠洲岛到斜阳岛的航道，应划定专门的两条专用航道，即春夏航道和秋冬航道，这样可最大程度避免破坏鱼类的途径通道。

2）重"绿色"，打造海岛为无工业的生态海岛

涠洲岛南湾仍有石油加工企业，海岛的东南侧和西南侧分别有大的排污口。同时，海岛的生活污水是就地排放，生活垃圾则是就地掩埋和焚烧。随着当地人口和外

来人口的增加，这种环境污染势必加剧。此外，海岛周边还有部分养殖区，养殖带来的污染对近岸水域的水质有一定的破坏；而当地原住民乱修住宅、新建排档等屡禁不止，这不仅破坏原有海岛景观，而且建筑材料大多来自周边水域和海岸。基于此，新的规划应该：①拆除现有养殖场、搬迁原有石化企业，在原有石化企业的基础上扩建码头；②加强污水的再次利用，对生活垃圾进行分类，不能再次处理的运移海岛；③对渔民的船只进行严格管理，统一设置专业码头，防止船舶漏雨导致的二次污染；④统一新建环岛的标准宾馆，宾馆应在生活、食宿等各方面达到无污染、无二次排放，同时对目前渔民的住房进行规范化管理，逐步达到国际民宿的标准；⑤打造"绿色香蕉"王国，尽量引进新的香蕉品质，提升香蕉名优特色。同时，应统一规划，并适当沿道路、村居小林种植相关的热带经济作物，如芒果、龙眼、桂圆等。此外，种植一些观赏花木，将涠洲岛打造成为名副其实的"香蕉岛"和"花草岛"。

3）设定主导旅游产品、旅游多元化

与国外极负盛名的成熟旅游海岛相比，涠洲岛—斜阳岛最主要的缺陷是海岛面积小，旅游产品单调。海岛宣扬的品牌为地质公园，但地质公园偏离居民社区，和周边景点难以相串，最重要的是地质公园游览单调，基本是火山喷出岩形成的不同类型海岸地貌的观赏，科学价值高，但人文旅游欣赏度较低，游客徒步时间长，植被覆盖少。值得提及的是，中国式的旅游更多的是带孩子和陪老人游玩，整个景区可遮阳的或者配套的其他旅游设施几乎全无，这就有违旅游六要素中的"玩"。石螺口海滩由于海滩物质较粗，坡度较陡，可供游客下水旅游的空间少。尽管滴水丹屏富有特色，但属纯粹自然景观，游客平均滞留时间不到半个小时。因此，要吸引游客，必须构建涠洲岛的主导旅游产品，并尽量使其多元化发展。具体规划包括：①地质公园：应尽量在沿途规划各具特色的观景台，如吊脚楼、阁台等，并赋予当代或古代海洋文化内涵，做到十步一景，百步一亭；可以考虑修建观景电梯或者缆车，让游客直接坐电梯或者缆车游览地质公园，从而轻松惬意地观赏地质形态；地质公园旁可以设置快捷游艇，游客可搭乘游艇环岛游。② 石螺口海滩应尽量合理规划，建议拆除海滩后滨的相关附属建筑，慢慢使其恢复原态，建成海滩排球场；同时对海滩进行喂养，将海滩的北侧和东南部平缓地带开发为冲浪区，海滩中部适度开发为游泳地带。③为保障涠洲岛的环岛游以及岛上渔民的渔船停泊，可建议在现有泊位基础上，进一步在石螺口中部以北的内凹处、地质公园火山口附近、南湾内侧岸线曲折处构建凸堤，形成小的停泊区（图9-6）。

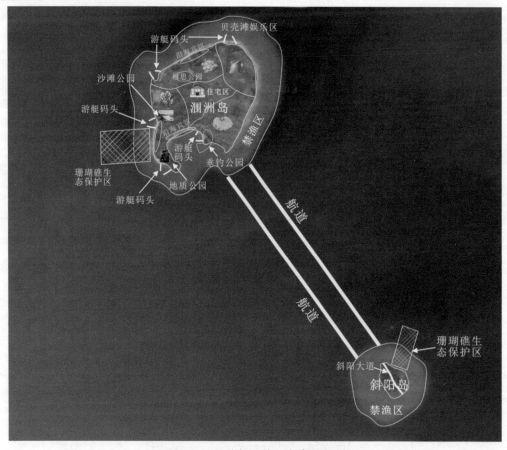

图9-6　涠洲岛—斜阳岛发展规划

4）设定海岛主题公园，3个海岛各司其职，互为补充

目前涠洲岛为主要旅游地，而猪仔岭岛尚未开发，斜阳岛则主要是观赏斜阳落日。因此，为充分发挥海岛的功能，应将涠洲岛作为主岛，猪仔岭岛和斜阳岛作为卫星岛。其中，涠洲岛主导地质公园、香蕉公园、海滩及珊瑚潜水公园。猪仔岭岛离海岛近，但基础设施较差，可进一步开辟1～2条小径，主要作为游客垂钓之处，即打造为"垂钓"公园，在猪仔岭环岛因地开发10～20个垂钓平台。斜阳岛则打造为"斜阳公园"，以欣赏落日为主体，不仅环岛开辟落日观赏台20～30个，同时居民可在岛上唯一的街道打造出以落日为主体的服饰、零食、餐饮等产品，即"落日文化"。

5）政府引导，公众积极参与

纵观国外海岛开发的成熟模式，无不包含有国家和当地政府的投资和政策、管理运行机制方面的要素。同时，当地居民的积极参与则是海岛开发中必不可少的要素。涠洲岛总体管理还比较混乱，居民素质较低，经营旅游存在短视行为。因此，当地政府必须要"种好梧桐引凤凰"。涠洲岛的凤凰就是游客，政府必须加强以下几方面工作。①进一步提升涠洲岛到北海、斜阳岛旅游快艇的功能质量，以保证在低于 7 级的海况下正常运行；②对涠洲岛的绿色进行整饬，在道路、交通以及景观布置上进一步花大力气，进行规划和布局；③对涠洲岛的服务业，包括吃住购物等各方面进行打造；④对居民进行培训，提升居民作为原住民的自豪感，同时对进岛的游客进行环保意识培训，并有必要的奖惩制度。

涠洲岛—斜阳岛海区，毗邻世所周知的北海银滩，又是西南出海门户。我们有理由相信，这个海区应该能吸引更多的游客，譬如居住在云南、四川、重庆和贵州的上亿人口，东南国家的国外居民，都是潜在和非常可观的游客资源。基于此，通过合理规划和布局，作为广西海域唯一的优势海岛——涠洲岛，应该可以成为中国的普吉岛，中国的"香蕉岛"。

9.2　钦州湾海区海岛开发

9.2.1　海岛开发存在的问题

钦州湾海岛位于广西沿岸中部海域，主要为龙门群岛区，最大的为河口—海湾的冲积海积岛——沙井。目前钦州湾处在开发的海岛为 152 个，未开发的海岛为 82 个。开发主要存在的问题如下。

1）养殖基本遍及整个钦州湾海区，结构单一

钦州湾尤其是茅尾海海区的海岛可谓鱼排连片、虾塘处处可见（图9-7）。海区的海岛包括有常住人口的龙门群岛，基本环绕海岛都建有虾塘用于对虾、牡蛎养殖，海岛上渔民构建的临时用房零散分布，一些道路都是渔民临时修建。养殖非常单一，如遇不可抗力或者市场波动，则可能导致渔民颗粒无收。此外，钦江、茅岭江排放的污染及周边石化等的废水亦对牡蛎、对虾的收成构成很大威胁。因此，单一性的养殖以及渔民可能全家的收入都来自养殖，一旦养殖亏损，则对全家家庭收入带来严重影响，同时，大规模的养殖尤其是死亡的对虾、牡蛎势必影响周边水域水质。即使政府或当地部门有专门的养殖规划，也很难做到妥善处置和对渔民进行合理规划。

2）海岛生态结构脆弱、岸线侵蚀相对严重

通过实地调查，钦州湾海区的海岛本身生态结构极为脆弱，部分海岛植被覆盖率低。海岛主要是草丛、灌木和乔木三大块组成，部分海岛为次生林，海岛上的动物资源匮乏，海岛很难形成独立的生态体系。同时，海岛岸线侵蚀后退，一些海岛已经出现裸露的基岩，并伴发有海岛侵蚀崩塌的石块，沿水边线的灌木随处可见树根，典型的如龙门七十二泾岛。

图9-7　人工鱼排（对虾、牡蛎、蚝等养殖用）

3）海岛的开发有待提升，功能有待细化

由海岛可持续进程的评价，钦州湾海岛开发呈现多样化，总体开发相对较好的主要由常住人口、岸线长度、海岛面积和交通便利等指标控制，这些指标在第一类模式中往往要优于其他海岛。这表明，人口是决定性因素，海岛自身条件也很关键。但目前钦州湾的海岛主要将龙门七十二泾岛定位为旅游，麻蓝头岛、沙井兼作旅游娱乐，其他岛则基本为交通运输和农林牧副渔等功能。海岛没有进一步定位和细化，加之区域经济条件有限，从而限制了海岛的发展，并由此导致海岛未经允许而乱围垦、养殖，破坏环境的现象时有发生。

9.2.2　海岛开发、规划和战略

钦州湾海岛的开发及功能要符合《广西壮族自治区海岛保护规划（2011—2020）年》，应在此基础上进一步制定相应的开发、规划和战略。

1）未开发的海岛功能区划

钦州湾未开发的海岛占整个海岛的 35%，这些海岛没有开发的主要原因包括：①面积小于 600 m²，如小双连岛、一撮茅、洗脚墩、大阉猪墩、海漆小墩岛等，超过 30 000 m² 的海岛不超过 10 个。由于海岛的面积太小，几乎不能构建简易住宅，很难适宜人居。②尽管钦州湾的海岛离大陆距离近，但就未开发的海岛而言，大多数海岛与大陆的距离超过 2 km，相对开发的海岛而言，显然，距离越远，机船耗油和费时

越多，从经济上开发此类海岛不合适。③海岛的岸线长度小于 300 m，显然可利用的岸线资源短缺，加之海岛本身是圆状，如岸线用于养殖或交通港口都太有限而达不到开发的目的。因此，对这些未开发的海岛应该：①重点监测海岛的变化，避免部分海岛因侵蚀而沦陷；②将目前所有未开发的海岛列为禁止区，同时对海岛的植被进行保护，以保护海岛生境，维护海岛动植物资源。

2）开发的海岛功能区划

根据主成分定量评估模型评估区分得到的海岛可持续进程的 4 种类型，可将钦州湾海区的海岛按4种类型进行区划。

第一种类型的海岛可持续进程在钦州湾海区相对较优，这主要包括沙井岛、团和、老鸦环岛、仙人井大龄、西村、龙门岛、箭沟墩、麻蓝头岛 8 个海岛。此类海岛主要是在钦州湾口东部、茅尾海东西两侧、钦州湾中部。海岛占优的主要指标是常住人口、岸线长度、海岛面积和便利度。与其他 3 种类型的海岛比较，第一种类型的海岛整体定位应次于涠洲岛，而以居住、旅游、养殖等一体为主。具体为：沙井岛（图 9-8），恰处钦江出海口，沙井岛的西南缘具有大范围的潮滩，并发育有相对成熟的潮沟，既有自由流动的水体，亦有避风的海湾，因此该部位适合网箱养殖。同时，可在目前沙井港的部位外延，即在钦江出海外缘的沙井岛内侧岸线曲折内凹的区域新建港口。

图9-8　沙井岛海岛锚地港口、养殖规划

团和位于茅尾海西部。该海岛东南部向茅尾海延伸大片发育的潮滩，同时植被覆盖相对丰富，故在团和偏茅尾海部位可进行大规模养殖规划；老鸦环岛、仙人井大龄、西村、龙门岛、箓沟墩位于钦州湾中部，所处海湾中部水流相对较急，周边潮滩发育较少，同时和钦州港的距离最近，可作为钦州湾未来交通运输港口的选址（图9-9）。

麻蓝头岛在钦州湾的东部，离大陆相对较远，海岛已开发为旅游景点，岛上有小度假村、房屋若干。同时，海岛周围修建有水泥海堤，岛上有一码头。建议规划是：对麻蓝头岛周边 1 km 范围进行保护，同时对海岛的北部沙滩、东北部沙滩进行人工喂养，形成海滩公园；可在岛的西中部凹处新建港口，同时在海岛东部内侧可建旅游度假村，进一步将该海岛打造为钦州湾的旅游海岛，并可作为龙门七十二泾岛游客旅游的主要栖息支撑海岛（图9-10）。

第二种类型的海岛模式主要包括：小涛岛、内湾岛、白山洲、黄泥沟岭、利竹山和沙子墩。这些海岛主要是在钦州湾的中部，表征海岛可持续进程的主要指标为近陆距离、海岸线系数和最高点高程与剥蚀度。指标反映了由于海岛最高点（山峰）不高，而剥蚀度较弱，总体相对较为平坦，便于规划，故交通有一定的便利，海岸线利

图9-9　团和养殖规划

图9-10　麻蓝头岛发展规划建议

用尚可。由于海岛目前尚无常住人口，也有一定的水、电、交通等设施。与国外马尔代夫、夏威夷群岛比较，尽管钦州湾中部的这些岛相对较小，但既然定位于旅游，具体规划应为：①在这些海岛修建各具特色的旅游宾馆，每个海岛只修建一座，且根据海岛的面积限定房间；并保证海岛水源自给，尽量达到二次利用。②海岛可进一步构建不同的特色文化，由此赋予其内涵。③这些海岛作为龙门七十二泾岛的配套宾馆，为游客提供住宿。

第三种类型的海岛模式主要包括线鸡尾岛、福建山、晒网岭、长其岭、大亚公山、观音塘岛、大竹山、小龟墩、大米碎、狗双岭、蚝蛎墩、榄墩、横头山、钦州独山、炮台角岛、鲎箔墩、白泥岭、头坡仔、大三墩、二坡墩、三子沟后背岭、观妹墩、小门墩、高山、大山猪、大山角岛、大红沙岛、独墩仔、深泾蛇山等30个海岛。此类海岛类型的控制指标为植被覆盖、近陆距离、紧凑度和海岸线系数。这些指标表征了海岛植被覆盖较为单一、生态系统可能较为脆弱。由于这些海岛仍处于龙门七十二泾岛的范围，为功能区划中的旅游定位。故第三模式的海岛根据其自身的特点可进一步规划为：根据海岛的土壤、理化性质，分别设定海岛具有格局特色的景观，并在岛上构建 1~2 个观景台，同时在每个海岛开发不同的项目，如烧烤、垂钓、海鲜品尝、野营岛等，并对海岛赋予不同的异国情调，让游客流连忘返，真正欣赏到"龙门七十二泾"的野趣。

第四类模式的海岛则主要位于钦州湾东部、中部和企沙岛附近。这些海岛仍处于较少开发状态。对于这些海岛，由于预先已有养殖的基础，故仍可对其进一步规划，并列为养殖规划岛。

同时，值得提及的是，考虑到前述台风和波浪的影响范围，钦州湾仍然受到局部风浪等的影响，这就涉及渔民停泊的问题。钦州湾内大的海岛一般都有锚地，而出海打鱼的渔船离陆地较远，一旦碰到不可抗风力等需要就近停泊。因此，锚地选择的主要依据是离陆地相对较远，岸线相对曲折，海岛面积中等，尤其是海岛最高点高，相对岛体大，岛的南部可避风腹地大。综合考虑钦州湾的海岛分布模式，其中细三墩海岛最高点 20 m，在海湾海岛中的高程居于前列，而离陆地近 4 km，相对其他海岛亦较远，故主要选择钦州湾东部的细三墩作为锚地所在。

9.3 大风江河口湾海区海岛开发

9.3.1 海岛开发存在的问题

大风江河口湾海区的海岛是由于冰后期全新世海平面上升，海水从北部湾进入大风江河口，导致原河谷中的地表水和流水长期切割形成不同高度的低缓岗丘，由此成为当前大风江湾的岛屿。因而，这些岛屿基本是基岩岛，抗侵蚀能力大。

1）海岛开发强度不大，结构单一

与钦州湾海区的海岛开发比较，大风江河口湾海区海岛总体开发程度差，大风江河口湾海区 70 多个海岛目前尚无一个海岛有常住人口。在开发的 54 个海岛中，有 40 个海岛主要用于渔业，即渔民在岛边缘构建虾塘，同时在虾塘周边建有守护的房屋，其他则是用于种植桉树。剩余的 17 个海岛则处于未开发的状态。

2）海岛生态体系脆弱，部分填海连岛

大风江河口湾海区的海岛植被覆盖基本是草丛、灌木和马尾松、木麻黄、桉树，结构单一，各海岛都没有明显的海蚀地貌和海滩，海岛沿岸多为沙泥滩、淤泥质潮滩和红树林潮滩。从旅游开发的价值来看，海岛可供观赏的价值不大。此外，部分海岛因近陆距离短，岛和岛之间的距离也短，部分被填海连岛。

9.3.2 海岛开发、规划和战略

1）未开发的海岛规划

大风江河口湾海区没有开发的海岛面积除掰叶墩、千年墩等以外，其他海岛基本小于10 000 m²，岸线长度则绝大多数处于 500 m 以下，螃蟹岛和东连岛甚至没有岸线的记录。因此，建议这些未开发的海岛仍旧作为保留区，或者考虑和就近岛屿填海相连。此外，也可通过炸礁而保障大风江口的航道畅通。

2）已开发的海岛规划

大风江河口湾海区海岛最大的特点是离大风江口两岸距离近。如北海大墩、捞离墩、鬼头、大鸡墩、盘鸡岭、抄墩离大陆的距离为 0.5～0.9 km，而其他的海岛离大陆距离则小于 0.5 km。这相当于普通渔船从大陆到海岛的时间不到半个小时。海岛的不足就是总体岸线资源不多、海岛面积较小，难以达到人口居住和开发的目的。即便如此，交通非常便利，同时应提及的是，大风江口和别的海区不同，大风江口内平均波高为 0.3 m，平均潮差超过 2 m，涨、落潮相对较强。这为养殖水体的快速交换提供了优势。基于此，考虑综合优势和缺点，根据海岛不同进程类型，对其不同进程的海岛规划进一步分述如下：

第一类模式主要包括鸡笼山、鬼头、割矛墩、西坡心岛、西大坡墩岛、对叉墩、捞离墩和外水墩。其中西坡心岛、西大坡墩岛位于大风江河口上游，其他海岛则位于大风江河口湾海区邻近出口的位置。表征这些海岛类型的指标为常住人口、岸线长度、最高点高程、海岛面积、便利度、海岸线系数和紧凑度，其中后两者为负数。控制此类海岛的主要限制性因素是岸线和紧凑度。很明显，包括第一类模式在内的海岛岸线绝大多数都小于 1 km，这就导致海岛的可利用程度不高。根据广西海岛 2011—2020 年的保护规划，这些海岛归于无居民海岛整治修复工程之列。因此，在进行修复的同时，考虑到龟头和附近的盘鸡岭、大墩、捞离在一起，且位于大风江口的中部航道深泓线附近，故可策应河口上游的船只和接应河口口门外的渔船。建议将龟头、盘鸡岭相连，西坡心岛和拱形岛相连，形成新的锚地所在，如图9-11所示。

属于大风江河口湾海区海岛可持续进程第二类型的海岛包括南内道岛、小东窑墩岛、内道岛、红薯岛、桃心岛、南江顶岛、掰叶墩等。此类海岛主要的表征指标为三通一平、便利度、常住人口和近陆距离，其中三通一平和便利度指标得分都在 0.4 左右，即此模式下该海区海岛较平整且基础设施较好，但由于宜居程度不高等因素，在一定程度上影响了该海区海岛的开发进程。进一步调查发现除掰叶墩外，这些海岛位于大风江河口湾海区的湾顶，譬如红薯岛、桃心岛，往往水流平缓，并发育有较多的滩涂，故建议这些无居民保留用岛可作为养殖规划区（图9-12）。

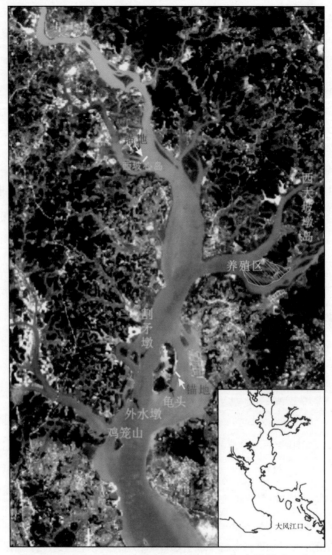

图9-11　大风江河口湾海区锚地港口、养殖规划（一）

　　此外，属于大风江河口湾海区第三模式和第四模式的海岛约占海岛开发可持续进程的 24%，属于该类型的海岛包括江顶墩、小夹子岛、北坡心岛、坡墩、企壁墩、招风墩、拱形岛、虾笼岛、小鸟岛、黄皮墩、对叉墩、北立岛、大鸟岛、钦州圆墩、小番薯岛、西黄皮墩、虾箩沟墩、南坟岛、穿牛鼻墩、小坪岭岛、江岔口岛、西凤岛和大坪岭岛等。相关的表征指标主要是海岸线系数、便利度。此类海岛和第二类基本相似，但海岛面积更小，考虑到目前这些海岛亦已开发渔业养殖，而且主要位于大风江口两岸附近位置，故依次仍旧规划为养殖规划区（图9-12）。然而，对于第五模式中的海岛，相对于大风江河口湾海区其他海岛面积更小，并分为两块，一部分位于大风

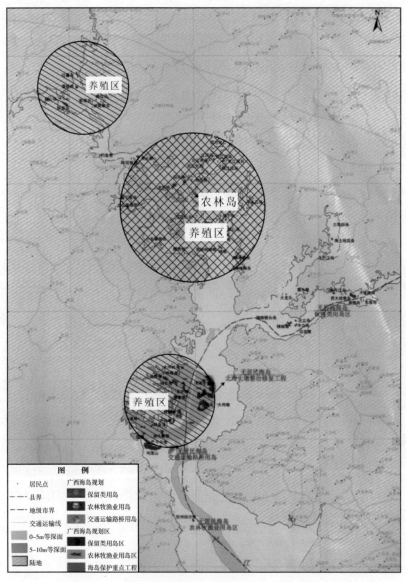

图9-12 大凤江河口湾海区锚地港口、养殖规划(二)

江口湾顶右岸附近,其他部分位居江口(较其他海岛偏离江岸),故可将湾顶的列为养殖规划岛,而江口的可作为农林岛(图9-12)。

9.4 廉州湾南流江河口和铁山港海区海岛开发

9.4.1 海岛开发存在的问题

前已论及,廉州湾南流江河口和铁山港紧邻,同时海岛的形状和其他海岛几乎完全不一样,故可放在一块进行分析。廉州湾海岛主要位于北海市冠头岭到合浦西场镇之间海域，共计 34 个，目前已经开发的是 17 个。铁山港的海岛为 20 个，已开发的为 13 个，主要位于合浦沙田镇西岸到北海市银海区营盘镇南岸之间铁山港湾海域的北部。总体而言，两个海湾中，南流江河口海岛及周边海湾岸线出现淤积的状态，而铁山港海区海湾岸线有所侵蚀，部分海岛亦有侵蚀现象。同时，两个海湾的海岛比较，南流江河口的海岛开发程度较高，并相对成熟，初步形成旅游的格局，而铁山港海区则主要还是农林牧渔为主，产业结构简单，生态系统相对脆弱。

1）养殖品种单一，脆弱性强

经实地调查，如开发程度较高的七星岛，主要以养殖业为主，但仅为对虾和跳跳鱼两个品种。同时，海岛也以放养海鸭为名，但都是大作坊式的。一般都以家为单位，白天将海鸭放置岛西南大片浅水滩涂，晚上则赶回笼舍。此外，在西南滩涂还有浅水区的牡蛎养殖。据渔民所谈，养殖收益直接和市场的价格波动连在一起，一旦价格下降，整个岛的收入就急剧降低。同时，如遇到养殖品种疾病，则累及全岛。最为严重的当属海鸭，全岛海鸭基本集中在岛的西南部，如遇禽流感，所有的海鸭都会受到感染。可见，海岛的生态—经济链非常脆弱。

2）陆海交通运输条件有待提高

南流江河口的海岛虽然距离岸近，如七星岛距离江岸不到 1 km，摆渡船只需15 min 的时间，更楼围和南域围也是如此。但必须予以关注的是，南流江河口有一大片浅滩，滩浅流急，一方面摆渡船只能摆渡助动车、三轮车以及行人；另一方面船又容易搁浅而对生命和财产造成极大损失。此外，沙岛上的道路基本仅供一辆小车行驶，三轮车并行却有困难。岛上的主要交通工具为摩托车。作为南流江河口发展稍有特色的沙岛，交通设施及工具都比较落后。铁山港海区的海岛则主要依靠渔民自己的渔船来往各海岛之间，交通设施更是落后。

9.4.2 海岛的开发与规划

南流江口和铁山港的海岛经主成分评估可分为四类，其中第一类主要包括更楼围、南域围、外沙岛、七星岛、罗庞墩、西江头、北海涌、观音墩等。第一类型的海岛都属于南流江河口。考虑到其他三种类型的海岛在两个海区相对七星岛、更楼围和南域围、外沙岛面积小、岸线短，基本处于零星养殖的状态，其开发和规划基本类似钦州湾和大风江口的此类海岛。下面重点阐述这 3 个相对发展成熟的海岛。

1）七星岛

七星岛横亘在南流江河口中心，随着当地居民不断围垦筑堤，七星岛的面积近20 年来不断扩大。目前七星岛主要是鱼塘养殖和海鸭养殖两种主业维持岛上居民的生

活。七星岛拥有医疗防疫站，有一
条横亘岛东西的破损的水泥路。通
过笔者调查，七星岛具有 3 个特
色，最大的特色就是：岛上的淡水
可取自南流江，并通过环绕岛屿的
潮汐水沟循环不息，潮汐水沟的出
口虽然有因涨落潮流速降低沉降的
大量泥沙堆积，但岛民自发清理淤
积的泥沙，保证水沟畅通。水沟可
咸水、淡水交换，当落潮时，岛民
会将岛上尾闾的潮汐水道闸门打
开，从而咸淡混合水进入潮汐水
道，将因养殖和生活等废水通过水
道排放到大海；而当涨潮时，则将
岛尾闾的闸门关闭，将上游水道的
闸门打开，淡水即进入水道，从而
形成自由的水体交换系统。七星岛
第二大特色就是养殖的跳跳鱼，这

图9-13　野生跳跳鱼所在的潮滩

图9-14　南流江口的"吊脚楼"

些鱼的鱼苗并非养殖而至，而是当地人在七星岛潮滩直接抓取野生的（图9-13）进一
步养殖而成，这就保证了成熟的跳跳鱼与别的地方用人工孵化的鱼完全不一样，味道
更鲜嫩可口。目前，该跳跳鱼成为海岛的特色。第三个特色就是岛上经营的海鸭都是
放养，海鸭蛋的质量不同于圈养的海鸭。但值得提及的是，这些基本是以家为单位，
没有形成规模化生产，没有形成很好的品牌效应。此外，当地岛民还在岛的西南构建
海中"吊脚楼"，以用于牡蛎、蚝的养殖看护。从远处看，就如一盏盏明灯镶嵌在大
海中（图9-14）。

　　因此，七星岛应成为南流江口一颗璀璨的明珠，如加以利用，集旅游—养殖—
美食—科考于一体，应能改变目前七星岛的状况，提高岛民的收入。具体规划（图
9-15）包括：①交通规划。应在七星岛的中北部和南流江距离较近、河道顺直的部位
构建隧道或者大桥，直接横跨南流江两岸，从而解决七星岛、南域围和更楼围 3 个海
岛的交通问题；同时，应对七星岛的海堤进一步扩建，形成绕岛小路、自行车通道，
在七星岛中央形成一条主干道；②应圈定七星岛东南部人工种植的红树林浅滩作为科
学实验区；③旅游规划。应将七星岛发展为自行车旅游海岛，一条环绕车道和目前形

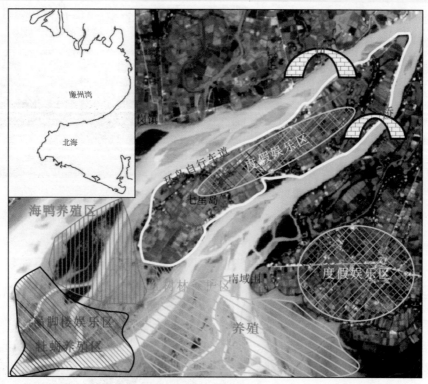

图9-15 七星岛发展规划

成的环岛绿色潮汐水道。同时在水道中进一步养殖鱼类，海堤周边则种植一些常绿灌木。骑着自行车于南流江和潮汐水道之间，又享受海岛的气息，应该是非常惬意的事。而海岛东南成片扎堆的"吊脚楼"，可开辟为"另类风情楼"，坐在楼中，随着潮涨潮落带来的视觉效应以及欣赏日出和日落，应该是人生一大乐事。此外，海岛独特的跳跳鱼、海鸭肉、海鸭蛋等美食，肯定让游客流连忘返。由此可见，七星岛应以旅游为主，渔业为辅，尽全力将其打造为南流江口的一颗明珠。

2）外沙、南域围、更楼围

外沙位于北海市海城区，同时逼近廉州湾且发育有宽广的滩涂，可作为北海的后花园给北海市提供海鲜菜篮。故应在外沙海区大力发展和推广养殖（图9-16）。而南域围和七星岛隔江相望，更楼围则又紧邻南域围，前已论及，应在江口构建隧道或者大桥，将这些岛屿相连。基于此，考虑到交通的便利，这两个沙泥岛可充分利用海岛滩涂，进一步大力发展养殖业，同时发挥自身海岛面积大的优势，有规划地构建若干小的度假村，为七星岛成为自行车旅游海岛提供价廉物美的食宿（图9-17）。

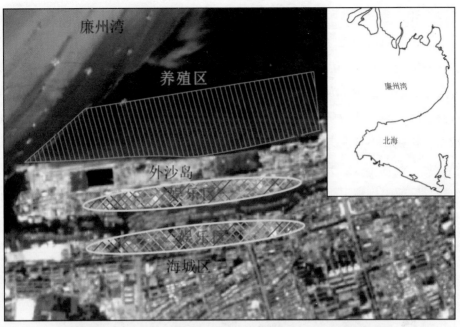

图9-16　外沙岛发展规划

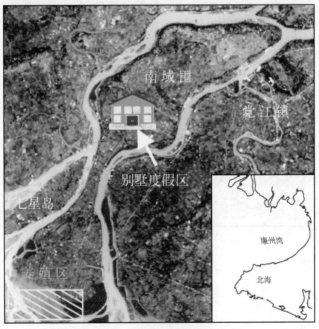

图9-17　南域围养殖规划

9.5　防城港湾海区海岛规划与开发

近年来由于防城港的大力开发，港湾内的海岛出现较大的变化，如因工业或港口用地而填海成陆，岛岛相连。目前，此海区近 250 个海岛已经开发了近一半。考虑到港工建设和为港口服务所需，因此，由第一模式中的海岛类型分布，主要是在防城港海区东部，防城港的西侧，其他则位于钦州湾上部西部。故建议第一模式中位于防城港海区东部的三车岭、西风流岭岛、烂井港、笪箕墩、对坎潭北墩、横山墩、西茅墩岛、大虫墩岛、横墩作为港口运输依托区，而三角井岛、海墩岛、公车马岭、网鳌墩、螃蟹墩岛、曲车圆墩岛、站前小墩岛、黄豆岛、沙潭墩、细墩、蟾蜍墩、坪墩、狗头岭岛、松柏岭、漩涡壳墩、杨木墩岛、尽尾萝岛、东龟仔岭岛、曲车小墩岛、大笼墩岛、北土地墩岛、猴子墩、蛇皮墩、新坡小墩岛、薄寮南墩岛、烧火北岭岛、站前西墩岛、站前墩岛则因居于海湾内上部的东侧，离航道较远且原有虾塘养殖基础，建议作为养殖规划区（图9-18）。

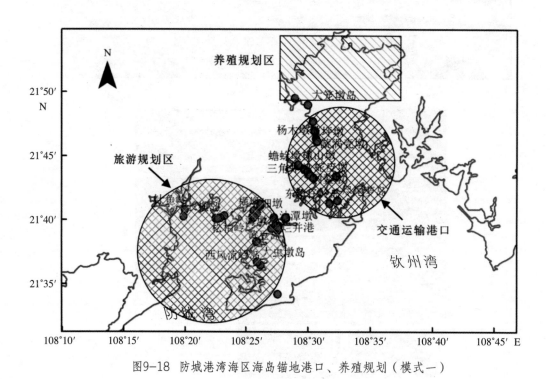

图9-18 防城港湾海区海岛锚地港口、养殖规划（模式一）

针鱼岭和长榄岛与防城港市隔海相望，长榄岛目前正吹填施工，以形成防城港的西湾片区。由于两岛都有居民，而且是防城港相对最大的并有人居环境相对适宜的岛，故可：①应对针鱼岭北端即防城江入海口进行疏浚，同时拆除原有海堤，以促使入海江水畅流不息；②对现有两岛的海堤进一步拓宽，并形成环岛海堤，逐步发展为自行车旅游海岛；③在原有居民社区进一步整饬，由政府联合当地居民，对居民住宅进行改善，形成一定规模的民宿房，逐步让居民由渔民变为为游客提供食宿的"经济民"。

第二模式的海岛基础设施差、宜居程度差，加上较容易受到外界的侵蚀影响，这些不利条件将影响海岛的进一步开发。属于该类型的海岛包括老虎头墩、蛇地坪南岛、东江口墩岛、东江口墩岛、鲈鱼岛、葛麻山、大包针岭、杨树山角墩、螃蟹岭岛、钻牛岭、西江口墩、光彩墩、扁涡墩、较杯墩岛、黄竹万岭、双墩、双墩南岛、杯较墩岛、透坳岭等。可进一步作为养殖规划区（图9-19）。

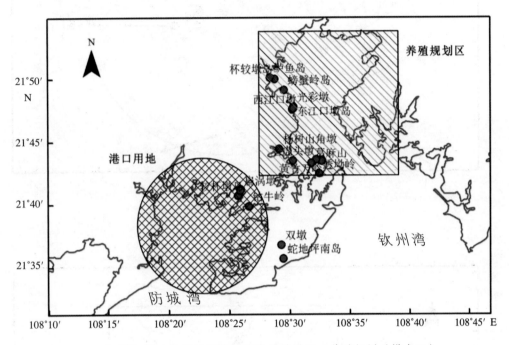

图9-19 防城港湾海区海岛锚地港口、养殖规划（模式二）

第三模式的海岛包括洲墩、烧火墩、大岭、将军山、大塘蚝场、沙耙墩、老鸦洲、冬瓜山、龙孔墩、鲴鱼岭岛、浮鱼岛、横山岭、防城茅墩、老虎头岭、蟾蜍墩、大包针岭、鲴鱼墩、大山岭岛、公车弹虾岭、鲁古墩、螃蟹腿墩、榄皮岭蛇岭等，海区海岛基础设施较好，植被类型丰富，由此建议作为农林用海岛区（图9-20）。

第四模式的海岛基础设施较好，岸线不长、建港条件较差。属于该类型的海岛包括大茅岭、李大坟岛、猫刀墩、旧屋地岭、圆独墩岛、乌山墩和江口墩，可作为养殖规划区（图9-21）。

第五模式占海岛开发可持续进程的9%，该海区海岛虽然靠近陆地且植被类型也相对丰富，但基础设施较差、宜居性不足，故可作为农林用岛（图9-22）。

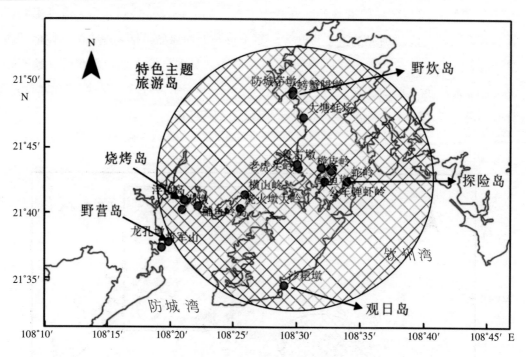

图9-20 防城港湾海区海岛锚地港口、养殖规划（模式三）

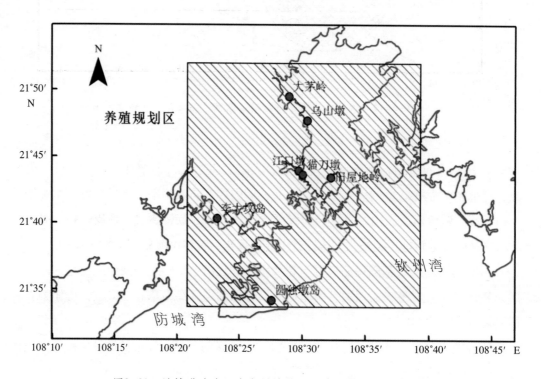

图9-21 防城港湾海区海岛锚地港口、养殖规划（模式四）

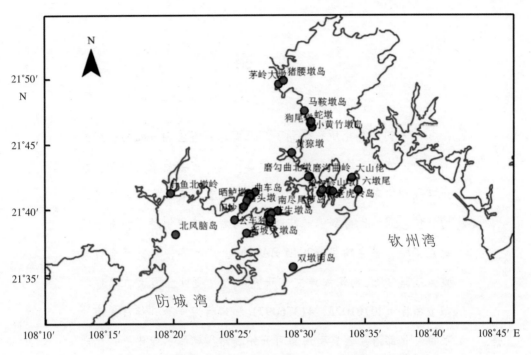

图9-22　防城港湾海区海岛锚地港口、养殖规划（模式五）

9.6　珍珠港湾海区海岛规划与开发

珍珠港湾海区共 19 个岛屿，绝大部分为基岩岛，虽然已有 13 个海岛已开发，但整体发展较落后，以旅游规划用岛为主。其他植被良好，且都位于江山半岛西侧，避风条件优越，建议将海区靠外海具有一些海滩的海岛规划为旅游岛。

致　谢

　　本书的顺利出版，得到了广西海洋环境监测中心站、广西海洋局、钦州市海洋局、北海市海洋局、防城港市海洋局、钦州学院和华东师范大学河口海岸学国家重点实验室等单位的大力支持，同时也得到了"广西北部湾海洋珍稀物种养护自治区重点实验"基金项目（2015 ZA01）、广西高校人文社会科学重点基地"北部湾海洋文化研究中心"项目、国家自然科学基金项目（40761023，41376097）和广西海洋局"科技兴海"项目"北部湾广西典型海岛可开发利用指标体系优化""北部湾广西海岛可持续发展定量评价模型构建"的大力资助。高近娟、葛振鹏参与本书的部分图件绘制和文字处理工作，向云波、劳燕玲、梁铭忠、欧业宁、欧素英等参与了部分室内与野外工作，在此一并感谢！

参考文献

陈东景，郭惠丽，付元宾，等.2012.海岛生态经济系统的物质输入与输出分析——以长海县为例 [J].海洋环境科学，31（4）：576-580.

陈吉余.2007.中国河口海岸研究与实践 [M].北京：高等教育出版社：550-561.

陈吉余.2010.中国海岸侵蚀概要 [M].北京：海洋出版社.

陈凌云，胡自宁，黎广钊，等.2005.遥感技术在广西海岛调查中的应用 [J].国土资源遥感，（4）：78-81.

陈宪云，刘晖，董德信.2013.广西主要海洋灾害风险分析 [J].广西科学，20（3）：248-253.

陈义松，蔡师华，甘干元.2007.防城河水资源分析评价 [J].企业科技与发展，（12）：187-190.

陈圆，青尚敏.2003.广西北部湾海洋油污染影响与应急管理浅析 [J].海洋开发与管理，（3）：104-108.

代俊峰，张学洪，王敦球，等.2011.北部湾经济区南流江水质变化分析 [J].节水灌溉，（5）：41-44.

高安宁，张瑞波.2013.2011年秋季强台风"纳沙"导致广西灾害成因分析 [J].灾害学，28（1）：54-58.

高抒.2006.亚洲地区的流域-海岸相互作用：APN近期研究动态 [J].地球科学进展，21（7）：680-686.

葛淑兰，陈志华，孟宪伟.2010.广西海岛近50年来气候的年际和年代际变化特征——七个海岛观测站观测资料总结 [J].海洋开发与管理，27（z1）：99-104.

葛振鹏，戴志军，谢华亮，等.2014.北部湾海湾岸线时空变化特征研究 [J].上海国土资源，35（2）：49-51.

广西海洋局，广西发展和改革委员.2014.广西壮族自治区海岛保护规划（2011—2020）[R].

广西壮族自治区海洋局.2013.广西壮族自治区海洋功能区划（2011—2020）[R].

广西壮族自治区统计局.2013.广西统计年鉴 [M].南宁：中国统计出版社.

广西海洋开发保护管理委员会.1996.广西海岛资源综合调查报告 [M].南宁：广西科学技术出版社.

郝鹏飞.2008.我国台风灾害损失分类与估计[D].哈尔滨：哈尔滨工业大学.

何如，黄梅丽，李艳兰，等.2010.近50年来广西近岸及海岛的气候特征与气候变化规律 [J].气象研究与应用，32（2）：12-15.

何显锦，范航清，胡宝清.2013.近十年广西海洋经济可持续发展能力评价 [J].海洋开发与管理，（8）：107-112.

何祥英.2012.北部湾防城港近岸海域海水环境参数变化与水质状况评价 [J].广西科学院学报，28（4）：293-297.

胡锦钦.2008.浅析北部湾沿海地区台风暴潮灾害及防范措施 [J].珠江现代化，（2）：26-28.

黄鹄，陈锦辉，胡自宁.2007.近50年来广西海岸滩涂变化特征分析[J].海洋科学，31（1）：37-42.

蒋勇军，况明生，匡鸿海，等.2001.区域易损性分析、评估及易损度区划——以重庆市为例[J].灾害学，16（3）：60-64.

柯丽娜，王权明，官国伟.2011.海岛可持续发展理论及其评价研究[J].资源科学，33（7）：1304-1309.

蓝文陆.2011.近20年广西钦州湾有机污染状况变化特征及生态影响[J].生态学报，31（20）：5970-5976.

蓝文陆.2012.环钦州湾河流入海污染物通量及其对海水生态环境的影响[J].广西科学，19（3）：257-262.

冷悦山，孙书贤，王宗灵，等.2008.海岛生态环境的脆弱性分析与调控对策[J].海岸工程，27（2）：58-64.

李春干.2004.广西红树林的数量分布[M].北京林业大学学报，26（1）：47-52.

李凤华，赖春苗.2007.广西沿海地区环境状况及其保护对策探讨[J].环境科学与管理，32（11）：59-63.

李光天，张耀光.1995.辽宁省海岛的最新资料及其意义——海岛分布、类型与环境特征[J].海洋环境科学，14（1）：9-18.

李金克，王广成.2004.海岛可持续发展评价指标体系的建立与探讨[J].海洋环境科学，23（1）：54-57.

李树华，黎广钊.1993.中国海湾志·第十二分册.广西海湾[M].北京：海洋出版社.

林元烧，曹文清，杨圣云，等.2008.北部湾环境与生物研究概述及相关科学问题探讨[A].北部湾海洋科学研究论文集（第1辑）[C].北京：海洋出版社：135-147.

乔延龙，林昭进.2008.北部湾地形，底质特征与渔场分布的关系[J].海洋湖沼通报，232-238.

刘晖，庄军莲，陈宪云，等.2013.广西海岛资源开发利用现状和对策[J].广西科学院学报，29（3）：181-185.

刘晖，庄军莲，陈宪云，等.2013.广西海岛资源开发利用现状和对策[J].广西科学院，29（3）：181-185.

陆林.2007.国内外海岛旅游研究进展及启示[J].地理科学，27（4）：580-586.

宁世江，邓泽龙，蒋运生.1995.广西海岛红树林资源的调查研究[J].广西植物，15（2）：139-145.

宁耘.2010.广西近岸海域入海污染物特征分析[J].中国环境监测，26（5）：55-56.

牛文元.2012.中国可持续发展的理论与实践[J].中国科学院院刊.27（3）：280-288.

乔延龙，林昭进.2007.北部湾地形、底质特征与渔场分布的关系[J].海洋湖沼通报，（Supp.1）：232-238.

苏志，余纬东，黄理，等.2009.北部湾海岸带的地理环境及其对气候的影响[J].气象研究与应用，30（3）：44-47.

孙龙启.2014.广西近海生态系统健康评价[D].厦门大学硕士学位论文.

孙兆明，马波，张学忠．2010．我国海岛可持续发展研究 [J]．山东社会科学，(1)：110−113．

王芳．2000．北部湾海洋资源环境条件评述及开发战略构想 [J]．资源产业，(1)：11．

温克刚．2007．中国气象灾害大典（广西卷）[M]．北京：气象出版社．

吴桑云，王文海．2000．海湾分类系统研究 [J]．海洋学报，2 (4)：83−89．

徐建华．2006．计量地理学 [M]．北京：高等教育出版社．

颜节礼，王祖祥．2014．洛伦兹曲线模型研究综述和最新进展 [J]．统计与决策，(1)．

伊恩．莫法特．2002．可持续发展——原则、分析和政策 [M]．宋国君译．北京：经济科学出版社．

张晶，封志明，杨艳昭．2007．洛伦兹曲线及其在中国耕地、粮食、人口时空演变格局研究中的应用
   [J]．干旱区资源与环境，21 (17)：63−67．

张耀光．2012．中国海岛开发与保护——地理学视角 [M]．北京：海洋出版社．

赵锐，蔡大浩．2011．基于主体功能区理念的无居民海岛空间开发模式研究 [J]．海洋经济，1 (2)：
   26−31．

中国21世纪议程管理中心，中国科学院地理学与资源研究所．2004．可持续发展指标体系的理论与实践
   [M]．北京：社会科学文献出版社．

祝效程，陈明剑．1996．广西海岛志 [M]．南宁：广西科学技术出版社．

祝小东，李文海，史璠．2012．涠洲岛志 [M]．南宁：广西人民出版社．

Howarth R W, Sharpley A, Walker D. 2002. Sources of nutrient pollution to coastal waters in the United
   States: Implications for achieving coastal water quality goals. Estuaries andCoasts, 25（4）：656−676.

Howarth R W. 2008. Coastal nitrogen pollution: A review of sources and trends globally and regionally.
   Harmful Algae, 8（1）：14−20.

Berg M, Stengel C, Pham T K, et al. 2007. Magnitude of arsenic pollution in the Mekong and Red River
   Deltas−Cambodia and Vietnam. Science of The Total Environment, 372（2/3）：413−425.

Frihy O E, Dewidar K M, EIRaey MM. 1996. Evaluation of coastal problems at Alexandria, Egypt. Ocean&
   Coastal Management, 30（2/3）：281−295.

International strategy for disaster reduction [EB/OL]. [2011−05−24]. http://www. unisdr. org/eng/
   lib−terminology−eng% 20 home. htm.